U0321904

应用型法律人才培养系列教材

JISUANJI WENHUA JICHU SHIYAN JIAOCHENG
（Windows 7 + Office 2010 BAN）

计算机文化基础实验教程

（Windows 7 + Office 2010 版）

主　编　刘振峰　杨瑞霞

撰稿人　（按姓氏拼音排序）

陈　暄　李海霞　李　玲　刘丽彦

明　阳　裴珊珊　任　建　尚　蕾

魏　巍　杨同峰　于万涛

中国政法大学出版社

2017·北京

图书在版编目（ＣＩＰ）数据

计算机文化基础实验教程：Windows7+Office2010版/刘振峰，杨瑞霞主编.—北京：中国政法大学出版社，2017.7

ISBN 978-7-5620-7649-0

Ⅰ.①计… Ⅱ.①刘… ②杨… Ⅲ.①Windows操作系统－高等学校－教材②办公自动化－应用软件－高等学校－教材　Ⅳ.①TP316.7②TP317.1

中国版本图书馆CIP数据核字(2017)第187936号

出　版　者　　中国政法大学出版社

地　　　址　　北京市海淀区西土城路25号

邮　　　箱　　fadapress@163.com

网　　　址　　http://www.cup1press.com（网络实名：中国政法大学出版社）

电　　　话　　010-58908435(第一编辑部)　58908334(邮购部)

承　　　印　　保定市中画美凯印刷有限公司

开　　　本　　720mm×960mm　1/16

印　　　张　　19

字　　　数　　394千字

版　　　次　　2017年7月第1版

印　　　次　　2017年7月第1次印刷

印　　　数　　1~5000册

定　　　价　　49.00元

序

　　党的十八大以来，以习近平同志为总书记的党中央从坚持和发展中国特色社会主义全局出发，提出了全面建成小康社会、全面深化改革、全面依法治国、全面从严治党的"四个全面"战略布局。全面依法治国是实现战略目标的基本方式和可靠保障。法治体系和法治国家建设，同样必须要有法治人才作保障。毫无疑问，这一目标的实现对于法治人才的培养提出了更高的要求。长期以来，中国高等法学教育存在着"培养模式相对单一""学生实践能力不强""应用型、复合型法律职业人才培养不足"等问题，法学教育与法律职业化的衔接存在裂隙。如何培养符合社会需求的法学专业毕业生，如何实现法治人才培养与现实需求的充分对接，已经成为高等院校法律专业面临的重要课题。

　　法学教育是法律职业化的基础教育平台，只有树立起应用型法学教育理念，才能培养出应用型卓越法律人才。应用型法学教育应是"厚基础、宽口径的通识教育"和"与社会需求对接的高层次的法律职业教育"的统一，也是未来法学教育发展的主要方向。具体而言，要坚持育人为本、德育为先、能力为重、全面发展的人才培养理念，形成培养目标、培养模式和培养过程三位一体的应用型法律人才培养思路。应用型法律人才培养的基本目标应当是具备扎实的法学理论功底、丰厚的人文底蕴、独特的法律专业思维和法治精神、严密的逻辑分析能力和语言表达能力、崇高的法律职业伦理精神。

　　实现应用型法律人才培养，必须针对法律人才培养的理念、模式、过程、课程、教材、教法等方面进行全方位的改革。其中，教材改革是诸多改革要素中的一个重要方面。高水平的适应应用型法律人才培养需求的法学教材，特别是"理论与实际紧密结合，科学性、权威性强的案例教材"，是法学教师与法科学生的知识纽带，是法学专业知识和法律技能的载体，是培养合格的应用型法律人才的重要支撑。

　　本系列应用型法律人才培养教材以法治人才培养机制创新为愿景，以合格应用型法律人才培养为基本目标，以传授和掌握法律职业伦理、法律专业知识、法律实务技能和运用法律解决实际问题的能力为基本要求。在教材选题上，以应用型法律人才培养课程体系为依托，关注了法律职业的社会需求；在教材主（参）编人员结构上，体现了高等法律院校与法律实务部门的合作；在教材内容编排上，设置了章节重难点介绍、基本案例、基本法律文件、基础法律知识、分析评论性思考题、拓展案例、拓展性阅读文献等。

　　希冀本系列应用型法律人才培养教材的出版，能对培养、造就熟悉和坚持中国特色社会主义法治体系的法治人才及后备力量起到绵薄的推动作用。

　　是为序。

李玉福

2015 年 9 月 3 日

前　言

　　近年来，随着计算机技术和网络通信技术的飞速发展，计算机的应用日益广泛，计算机已经成为人们提高工作质量和效率的不可或缺的工具，掌握计算机的基础操作也已成为人们必备的技能。因此，信息技术教育的普及显得尤为重要，《计算机文化基础》课也成为高校非计算机专业学生必修的公共基础课。同时，如何能够使当前计算机基础教育的教学内容、教学方法更好地适应计算机技术的发展和计算机应用水平的提高，这对高校的计算机基础教育提出了新的课题。根据培养 21 世纪创新人才的目标和教学大纲的要求，为了提高《计算机文化基础》这门课的整体教学水平，使学生能够熟练掌握计算机知识并灵活运用所学知识解决实际问题，结合山东省高等学校《计算机文化基础》（Windows 7 + Office 2010）考试大纲，我们编写了《计算机文化基础实验教程》一书。

　　本书是与山东省高校计算机公共课教材《计算机文化基础》配套的实验指导用书，编写过程中既考虑了基本知识的学习和基本技能的训练，又力求与新技术相结合，全面培养学生使用计算机解决实际问题的能力。本书结构紧凑，内容丰富，指导详细，实用性和可操作性强，便于学生自学并在学习过程中进行自我检验，进而巩固学习成果。本书可以作为大学本科、专科《计算机文化基础》课程的实验指导教材，也可以作为各类计算机培训班的培训教材和自学教材。

　　本书的作者都是教学一线的骨干教师，有着丰富的教学经验，并将这些经验融入教材编写过程中。另外，还有很多老师对本书的完成提出了不少宝贵的意见。在此对关心和支持本书编写的所有同仁一并表示衷心的感谢。

　　由于编者的经验有限，书中难免会有疏漏和不足之处，恳请广大读者和同行不吝赐教。

　　本书配套的实验素材请发邮件至 zfxylzf@ yeah. net 索取。

编者

于山东政法学院

2017 年 3 月

目录CONTENTS

第 1 章　信息技术与计算机文化　▶ 1

实验一　计算机硬件系统组成　/ 1

实验二　键盘和鼠标的使用　/ 5

实验三　指法与中文输入法　/ 8

综合练习　/ 13

第 2 章　**Windows 7 操作系统**　▶ 20

实验一　Windows 7 的基本操作　/ 20

实验二　Windows 7 的桌面设置与操作　/ 25

实验三　运行程序和打开文档　/ 34

实验四　Windows 7 库的基本操作　/ 37

实验五　Windows 7 文件与文件夹的管理　/ 41

实验六　Windows 7 综合实验　/ 45

综合练习　/ 47

第 3 章　**文字处理软件 Word 2010**　▶ 57

实验一　Word 2010 文档的基本操作　/ 57

实验二　文档格式化与排版　/ 61

实验三　表格制作　/ 66

实验四　图文混排　/ 72

实验五　文档的版面设计及打印　/ 74

实验六　Word 2010 综合实验　/ 78

拓展训练　/ 80

综合练习　/ 84

第 4 章 电子表格系统 Excel 2010 ▶ 91

实验一 Excel 工作簿及工作表的操作 / 91

实验二 数据输入与填充 / 93

实验三 公式及函数的使用 / 96

实验四 数据格式化 / 100

实验五 数据清单及图表操作 / 106

实验六 页面设置及打印 / 113

实验七 Excel 2010 综合实验 / 116

拓展训练 / 122

综合练习 / 123

第 5 章 演示文稿软件 PowerPoint 2010 ▶ 131

实验一 创建演示文稿 / 131

实验二 插入对象 / 135

实验三 幻灯片页面外观的修饰 / 141

实验四 演示文稿的动画效果和动作设置 / 145

拓展训练 / 149

综合练习 / 155

第 6 章 数据库技术与 Access 2010 ▶ 162

实验一 数据库及表的创建 / 162

实验二 查询设计 / 169

实验三 窗体设计 / 172

实验四 报表设计 / 175

综合练习 / 175

第 7 章 计算机网络 ▶ 180

实验一 了解计算机网络 / 180

实验二 在 Windows 中设置共享资源 / 180

实验三 TCP/IP 常用工具诊断命令 / 185

实验四 FTP 服务器搭建及 FTP 服务访问 / 188

实验五 电子邮箱申请及使用 / 191

实验六 使用 Foxmail 收发电子邮件 / 194

实验七 搜索引擎的使用 / 197

综合练习 / 201

第 8 章　**网页制作** ▶ 208

实验一　用"记事本"制作网页 / 208

实验二　搭建本地站点和创建基本网页 / 210

实验三　多媒体在网页中的创建与应用 / 216

实验四　使用超链接组织网页 / 221

实验五　使用框架布局网页 / 226

拓展训练 / 229

综合练习 / 231

第 9 章　**多媒体技术** ▶ 236

实验一　制作一寸证件照 / 236

实验二　Premiere 基础应用 / 242

实验三　音频文件处理 / 253

综合练习 / 257

第 10 章　**信息安全** ▶ 261

实验一　杀毒软件的使用 / 261

实验二　Windows 7 账户安全设置 / 264

实验三　Windows 7 的防火墙设置 / 268

实验四　为常用 Office 文档设置密码 / 269

实验五　使用 Windows 组策略增强系统的安全性 / 272

综合练习 / 278

附录一　**考试大纲** ▶ 283

附录二　**考试样题** ▶ 287

第1章 信息技术与计算机文化

实验一 计算机硬件系统组成

一、实验目的及实验任务

1. 熟悉实验室环境，认识计算机的硬件组成，了解每个硬件器件的名称和作用。

2. 了解实验室所使用的计算机的硬件构成，学会查看计算机的基本配置，了解每个部件的功能，例如：计算机的品牌、CPU型号、主频、内存类型和大小、硬盘类型和大小、显示器及其分辨率、鼠标、键盘、音箱和打印机等。

二、实验操作过程

（一）熟悉实验室的环境

计算机机房位置选择应符合以下要求：

1. 水源充足、电压比较稳定可靠，交通通讯方便，自然环境清洁。

2. 远离产生粉尘、油烟、有害气体以及生产或贮存具有腐蚀性、易燃、易爆物品的工厂、仓库、堆场等。

3. 远离强震源和强噪声源。

4. 避开强电磁场干扰。

此外，机房内的温、湿度和空气含尘浓度必须满足计算机设备的要求。主机房内的空气含尘浓度，在表态条件下测试，每升空气中大于或等于 $0.5\,\mu m$ 的尘粒数，应少于 18 000 粒。

（二）熟悉计算机的硬件构成

图 1-1 显示的是一台台式电脑，计算机从外能看到的部分由主机、显示器、键盘和鼠标构成。他们之间是相对独立的，由数据线和电源线连接在一起。台式机的特点是体积比较大、性能比较高、价格比较低、难以移动。总体来说，台式机适合在固定的地点使用，如办公室、机房等。

图 1-1 台式电脑

图 1-2 显示的是一台笔记本电脑。笔记本电脑的显示器、键盘、鼠标都被整合在一起以方便携带。图 1-2 中，显示器和键盘都显而易见，但并没有看到图 1-1 中

的那种鼠标，笔记本键盘下方的方块是触摸板，代替了鼠标的作用。当然也可以通过 USB 接口外接鼠标。笔记本电脑与台式机相比，具有体积小、重量轻、价格高、性能低的特点。

图 1-3 显示了近些年新出现的一体机电脑。它将传统台式机的机箱和显示器整合在一起，配上独立的键盘和鼠标。有的一体机还配有遥控器，配合上适当的软件，一体机就可以当作小屏电视来使用。

图 1-2　笔记本电脑

图 1-3　一体机电脑

下面我们来具体了解一下电脑每个部件的功能。

1. 主机。主机一般是一个金属的盒子，其中包含主板、电源和风扇等器件。主机表面会有一些指示灯、控制按键。其中的主板是一块电路板，该电路板上被插入或镶嵌了其他的电脑组件，因为承载了大量的计算机组件，所以被称为主板。主板是指主机中最主要的电路板，其他的组件如网卡、声卡、内存等都插在主板上，很多组件都有自己的电路板。这些组件和主板之间通过特定的通信协议进行通信。

图 1-4 中，风扇的下方是 CPU。

2. 主板。主板又叫主机板或母板，它安装在主机箱内部，一般为矩形电路板，如图 1-5 所示。主板上有数量不等的集成电路芯片、各种连接外设接口板的插槽（I/O 扩展槽）、系统总线、CPU 插座、内存插座、键盘和面板控制开关接口等。

3. 中央处理器（CPU）。中央处理器简称 CPU，如图 1-6 所示。CPU 是整个计算机计算的核心，在工作中发热非常严重，所以一般在 CPU 上加装风扇以方便散热。同时，为了使 CPU 和风扇接触紧密，便于传热，最好在两者的接触面之间涂上一层散热胶，让散热风扇更好地达到散热的效果。

4. 内存。内存也称内存储器或主存，用于暂时存放 CPU 的运算数据和与外部存储器交换的数据，如图 1-7 所示。内存的主要作用是用来临时存放数据，再与 CPU 协调工作，从而提高整机性能。内存作为个人计算机硬件的必要组成部分之一，其地位越来越重要，内存的容量与性能已成为衡量计算机整体性能的一个决定性因素。

图 1-4 主机

图 1-5 主板示意图

图 1-6   CPU 示意图

图 1-7   内存条示意图

5. 硬盘。硬盘是计算机的主要存储媒介之一，由一个或多个盘片组成，盘片上覆盖有铁磁性材料，如 1-8 所示。

硬盘是计算机中容量最大的存储设备，相比其他外部存储设备具有容量大、存取速度快等优点。计算机运行必需的操作系统、大量的应用程序和数据等都是保存在硬盘中的。

6. 光盘和光驱。光盘是一个塑料制品，其中有肉眼难以分辨的轨道线，每个轨道线之中包含了使用激光烧录的信息。光驱是光盘驱动器的简称，是用于读取光盘的设备，如图1-9 所示。

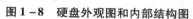

图 1-8   硬盘外观图和内部结构图

图 1-9   光盘和光驱

7. U 盘。U 盘全称为 USB 闪存盘，又被音译为优盘，如图 1-10 所示。USB 是其使用的接口类型，闪存是其存储方式。U 盘的体积比较小，可以高速随机读写，可以反复读写。与其他便携式的存储设备相比，有巨大的优势，所以现在大多数人使用的便携式存储设备都是 U 盘。

图 1-10   U 盘外观和内部结构图

8. 显卡。显示是显示接口卡的简称，它的主要作用是将计算机中存储的数字转换为图像发送给显示器，如图 1-11 所示。显卡中的计算单元称为 GPU，即图形处理单元，其中的存储器称为显存。GPU 的性能和显存直接决定了动画的流畅性及 3D 渲染速度。

9. 声卡。声卡也叫音频卡，是实现声波/数字信号相互转换的一种硬件，如图

1 - 12 所示。现在声卡往往都集成在主板上，可以满足一般应用的需求。独立的声卡一般用于专业的声音处理。

图 1 - 11 显卡

图 1 - 12 声卡

实验二 键盘和鼠标的使用

一、实验目的及实验任务

1. 了解计算机标准键盘的布局及各种键的功能。

2. 掌握鼠标基本操作，熟练使用单击、双击、移动、拖动等鼠标操作。

二、实验操作过程

（一）认识键盘

键盘是一种常用的重要输入设备。市面上可以买到的键盘基本都遵循标准键盘的按键排布，如图 1 - 13 所示。

图 1 - 13 键盘分布图

1. 键盘的布局。标准计算机键盘可以分为四个区域：功能键区、主键盘区、控制键区和数字键区，另外还有状态指示区包含 3 个指示灯。

2. 主键盘区。主键盘区是最常用的键盘区域，也被称为文字键区。由 26 个英文字母按键、10 个数字按键、符号键等按键组成，具体包括：

（1）字母键：包含 A ~ Z 共 26 个英文字母。

（2）数字键：0 ~ 9 共 10 个数字，主键盘区上的数字键都可以通过按住 Shift 键的方式键入数字键的第二字符（即键盘上数字上方所写字符），如"！""@"等。

（3）符号键：包括一些常用的符号，如"＞""？""｝""＋"等。

（4）回车键（Enter）：该键在文字键区的右边，在文本编辑过程中，按回车键可以让光标进入下一行。不同的键盘上，回车键的形状也不一样。

（5）制表键（Tab）：按下该键，光标向右移动一个制表位的距离（通常是 8 个字符）。

（6）大小写切换键（Caps Lock）：按下此键，键盘右上方指示灯亮，表示当前为大写字母输入状态；否则为小写字母输入状态。

（7）空格键：键盘下方最长的按键，也是键盘上所有按键中最长的键，按一次表示输入一个空格。

（8）上档键（Shift）：在有些按键的上下两部分标了两个不同的字符，例如，数字 1 上面是！，数字 2 上面是@ ……这些按键称为双字符键。对双字符按键，直接按这些按键表示选择下档功能。而在按住 Shift 键的同时，再按双字符键，表示选择双字符按键的上档功能。例如，按住 Shift 的同时，再按"2"键，则输入"@"。另外，按 Shift 键的同时按字母键，还可以切换输入字母的大小写。

（9）退格键（←或 Backspace）：该键在文字键区的右上角，在处理文字时，按一次，光标左移，可删除当前光标位置左边的字符。

（10）控制键（Ctrl）：单独使用不起作用，需与其他按键组合使用。

（11）转换键（Alt）：单独使用不起作用，需与其他按键组合使用。

（12）Windows 键：一个标有 Windows 标志的按键，按下该键将弹出"开始"菜单。

（13）快捷键：相当于鼠标右击，按下该键将弹出快捷菜单。

3. 功能键区。该区域位于键盘的最上方，由 Esc 和 F1 ~ F12 共 13 个按键组成。Esc 键一般用来退出某个界面，F1 ~ F12 这 12 个键的作用是配合软件完成特定的功能，可以和 Alt、Ctrl 键一起使用。不同的应用软件对其有不同的定义。

4. 数字键区。数字键区又称小键盘区，该区的数字按键和主键盘区的按键作用相同，但排列比较整齐，主要用于集中输入数字。该区域包含了加、减、乘、除等数学运算按键，也包含了回车键。这都是为数字的快速输入和计算而服务的，对于财会人员、银行人员来说是非常方便的。

可以看到，数字键区的有些按键上也标注有多个符号。例如，数字 8 上有向上的箭头，数字 2 上有向下的箭头。当我们按下 Num Lock 键时，可以切换数字按键和这些第二功能。按下 Num Lock 后，状态指示区的 Num 灯亮起，再按一下 Num Lock，Num 灯熄灭。Num 灯亮起表示使用数字功能，Num 灯熄灭表示使用第二功能。

5. 控制键区。该区域也叫作编辑区，是为方便文本编辑操作而服务的。其中的上、下、左、右键是用来控制光标的。

（1）←：将光标左移一位。

（2）↑：将光标上移一行。

（3）↓：将光标下移一行。

（4）→：将光标右移一位。

（5）Insert：设定或取消字符的插入状态，是一个反复键。插入状态下，输入数据会在光标所在位置插入。按一下 Insert 则进入改写模式，在该模式下，输入数据会覆盖后面的文字。

（6）Delete：删除光标所在位置的后一个字符。主键盘区中的 Backspace 和这个键很相似，但 Backspace 向前删除，而 Delete 向后删除。在 Windows 的资源管理器中，Delete 键也可用来删除文件或文件夹。

（7）Home：将光标移到行首。

（8）End：将光标移到行尾。

（9）Page Up：屏幕显示向前翻页（即显示屏幕前一页的信息）。

（10）Page Down：屏幕显示向后翻页（即显示屏幕后一页的信息）。

（11）Print Screen：屏幕拷贝键，可将桌面图像放入剪切板中，例如，可以打开画图板等工具，将复制的屏幕内容粘贴到其中。Alt + Print Screen 可以只拷贝当前窗口。

（12）Scroll Lock：屏幕滚动锁定键。

（13）Pause/Break：暂停/中断键，可中止某一正在运行的程序或暂停屏幕显示。

（二）认识鼠标

常见的鼠标如图 1 - 14 所示，包含左键、右键、中间键和滚轮，大多数鼠标将中间键和滚轮结合了起来。

鼠标的正确握持姿势：手握鼠标，不要太紧，就像把手放在自己的膝盖上一样，使鼠标的后半部分恰好在手掌下，食指和中指分别轻放在左右按键上，拇指和无名指轻夹两侧，如图 1 - 15 所示。

图 1 - 14　鼠标

图 1 - 15　鼠标握持姿势

实验三 指法与中文输入法

一、实验目的及实验任务

掌握手指在键盘上的分工，掌握正确的坐姿、按键姿势，并在今后的练习中逐渐学会盲打。

二、实验操作过程

（一）指法介绍

打字时为了能形成条件发射式的击键，就必须固定好每个手指对应的按键。手指和按键的关系如图 1 - 16 所示：

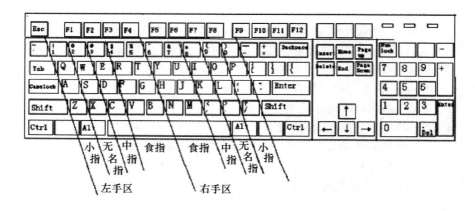

图 1 - 16 手指分工

抚摸键盘，可以发现 F 键和 J 键上方有两个凸起，方便用户在不看键盘的情况下，迅速定位左右手食指的放置位置。找到 F 和 J 键，并将左右手食指放在 F 键和 J 键上。其他手指依次放置，左手四指放置在 A、S、D、F 键上，右手四指依次放置 J、K、L 键上，大拇指放置在空格键上，如图 1 - 17 所示。

放置的时候，左右手除大拇指外的四指要弯曲，形似弯钩。这种姿势下击键最省力；如果将手指平放于键盘上，则经常出现击键无力的情况。

这个姿势是击键的预备式，在刚开始学习指法时，为了能尽快使自己的身体记住每个键的位置，要求每打完一个键就回到这种预备式上。当练习纯熟以后，就可以连续击键，不再受这个要求的限制了。

左手的小拇指管理 1、Q、A、Z 键和左侧的所有按键，无名指管理 2、W、S、X 键，中指管理 3、E、D、C 键，食指因为比较灵活有力，所以管理两行 4、R、F、V 链和 5、T、G、B 键。右手食指同样管理两行……右手小指管理右侧所有按键。

正确的指法

图 1 - 17 手指的放置

在使用控制键区时，可以将手放到按键位置，在主键盘区一般不需要移动手腕。

指法需要专门的练习，很多同学在接触正确的指法练习之前就已经接触了电脑，从而养成了错误的习惯，这种习惯必须改掉，不然自身的击键速度将很难得到提升。

练习要领总结如下：

1. 掌握正确坐姿。要求头正、颈直、身体中正挺直，两脚平踏地面。身体正对屏幕，调整屏幕使眼睛舒适。眼睛平视屏幕保持 30 ~ 40cm 的距离，手肘与键盘平行，双手自然放在键盘上，十指弯曲（如图 1 - 18 所示）。

2. 练习时，手指放在指定按键上，每按一键就回到预备姿势。

3. 眼睛向前平视，要控制自己看键盘的欲望。只有坚持不看键盘才能练会盲打。

4. 有的教材上提到要手腕悬空，这种方式保持一段时间就会产生疲劳感，正确的姿势是手腕放在键盘下方的桌面上。

5. 按键时，基本都是手指运动，手腕不要动。

6. 按键要均匀、有节奏感，不要用力过猛。

7. 空格键由两手大拇指管理，一般左手按键后需要按空格时就由右手按；右手按键结束，就由左手按空格键。当然这并无严格规定。

图 1 - 18 正确的坐姿

（二）使用金山打字通练习指法

1. 金山打字通的安装。金山打字通是一款练习指法的免费软件，它通过科学的训练计划让用户迅速掌握指法。如果电脑上没有安装此软件，可以到百度搜索"金山打字通"，并下载安装。安装的时候按照向导依次向"下一步"即可。注意安装时，不要安装它捆绑的软件（如图 1-19 所示）。

图 1-19 金山打字通安装

2. 启动金山打字通。安装成功后，桌面上会有金山打字通图标，双击启动，主界面如图 1-20 所示。

点击"新手入门"，会看到登录界面（如图 1-21 所示）。输入一个昵称并点击"下一步"，问及是否绑定 QQ 账号时，可直接点击右上角的 × 号关闭窗口，重新点击"新手入门"即可进入。

在弹出的对话框中选择自由模式，点击确定。新手入门中包含了键盘的基本知识和基本键位练习，如果你不能盲打，一定要进行键位练习。如图 1-22 所示，严格按照键位练习的要求通过此关卡，特别要注意的是：不能看键盘，手指要分工。可以反复进入此关卡进行巩固练习，直到能以极快的速度完成这个测试。

进入英文打字后，进行单词、语句和文章练习。当能熟练地进行英文打字后，就可以进行中文打字训练了。进行中文打字练习时，首先在屏幕的右下角点击语言栏，选择一种中文输入法（如图 1-23 所示），然后进入金山打字通的文章练习界面，开始练习（如图 1-24 所示）。

图 1-20 金山打字通主界面

图 1-21 金山打字通登录界面

图 1-22　金山打字通键位练习

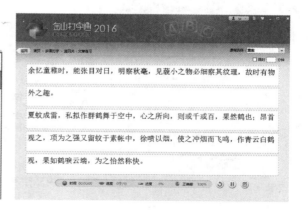

图 1-23　选择搜狗拼音输入法　　　　图 1-24　中文文章练习

综合练习

一、单项选择题

1. 世界上第一台真正意义上的电子计算机是_____。

A. EDVAC   B. ENIAC   C. EDSAC   D. 差分机

2. 我们平常所说的"裸机"是指_____。

A. 无显示器的计算机系统

B. 无软件系统的计算机系统

C. 无输入输出系统的计算机系统

D. 无硬件系统的计算机系统

3. 计算机硬件的五大基本构件包括：运算器、存储器、输入设备、输出设备和_____。

A. 显示器   B. 控制器   C. 磁盘驱动器   D. 鼠标器

4. byte 意思是_____。

A. 二进制位   B. 字长   C. 字节   D. 字

5. 微机上操作系统的作用是_____。

A. 解释执行源程序   B. 编译源程序

C. 进行编码转换   D. 控制和管理系统资源

6. 下面有关计算机的叙述中，正确的是_____。

A. 计算机的主机只包括 CPU

B. 计算机程序必须装载到内存中才能执行

C. 计算机必须具有硬盘才能工作

D. 计算机键盘上字母键的排列方式是随机的

7. 计算机中对数据进行加工与处理的部件，通常称为_____。

A. 运算器   B. 控制器   C. 显示器   D. 存储器

8. 微型计算机存储器系统中的 Cache 是_____。

A. 只读存储器   B. 高速缓冲存储器

C. 可编程只读存储器   D. 可擦除可再编程只读存储器

9. 将一张软盘设置写保护后，正确的说法是_____。

A. 可将其他软盘的文件复制到该软盘

B. 可在该软盘上建立新文件

C. 可将该软盘中的文件复制到其他盘上

D. 可对该软盘进行格式化

10. 硬盘是一种_____。

A. 主存   B. 内存   C. 存储器   D. 数据通信设备

11. 第一台电子计算机使用的逻辑部件是_____。

A. 集成电路　　　　　　　　　　　　B. 大规模集成电路

C. 晶体管　　　　　　　　　　　　　D. 电子管

12. 存储容量 1GB 等于_____。

A. 1024B　　　　B. 1024KB　　　　C. 1024MB　　　　D. 128MB

13. 下列等式中，正确的是_____。

A. 1KB = 1024 × 1024B　　　　　　　B. 1MB = 1024B

C. 1KB = 1024MB　　　　　　　　　　D. 1MB = 1024 × 1024B

14. 最大的 10 位无符号二进制整数转换成十进制数是_____。

A. 511　　　　　B. 512　　　　　C. 1023　　　　D. 1024

15. 大写字母"A"的 ASCII 码为十进制数 65，ASCII 码为十进制数 68 的字母是_____。

A. B　　　　　　B. C　　　　　　C. D　　　　　D. E

16. 在 16 × 16 点阵字库中，存储一个汉字的字模信息需用的字节数是_____。

A. 8　　　　　　B. 16　　　　　C. 32　　　　　D. 64

17. 与十六进制数（BC）等值的二进制数是_____。

A. 10111011　　B. 10111100　　　C. 11001100　　　D. 11001011

18. 下列数值最小的是_____。

A. $(123)_{10}$　　　B. $(210)_8$　　　C. $(11010111)_2$　　　D. $(AD)_{16}$

19. 一条计算机指令中，规定其执行功能的部分称为_____。

A. 源地址码　　B. 目标地址码　　C. 操作码　　　D. 数据码

20. 分时系统是一种_____。

A. 单用户交互式操作系统　　　　　B. 单用户批处理操作系统

C. 多用户交互式操作系统　　　　　D. 多用户批处理操作系统

21. 在微型计算机中，微处理器的主要功能是进行_____。

A. 算术逻辑运算及全机控制　　　　B. 逻辑运算

C. 算术逻辑运算　　　　　　　　　D. 算术运算

22. DRAM 存储器的中文含义是_____。

A. 静态随机存储器　　　　　　　　B. 动态只读存储器

C. 静态只读存储器　　　　　　　　D. 动态随机存储器

23. 具有多媒体功能的微机系统，常用 CD – ROM 作为外存储器，它是_____。

A. 只读软盘存储器　　　　　　　　B. 只读光盘存储器

C. 可读写的光盘存储器　　　　　　D. 可读写的硬盘存储器

24. 逻辑运算 1001 ∨ 1011 = _____。

A. 1001　　　　B. 1011　　　　C. 1101　　　　D. 1100

25. 微机唯一能够直接识别和处理的语言是_____。

A. 高级语言　　　B. 高级语言　　　　　C. 汇编语言　　　　　D. 机器语言

26. 半导体只读存储器（ROM）与半导体随机存取存储器（RAM）的主要区别在于_____。

A. 在断电后，ROM 中存储的信息不会丢失，RAM 信息会丢失

B. 断电后，ROM 信息会丢失，RAM 则不会

C. ROM 是内存储器，RAM 是外存储器

D. RAM 是内存储器，ROM 是外存储器

27. 从软件归类来看，"DOS"应属于_____。

A. 应用软件　　　B. 编辑系统　　　　　C. 工具软件　　　　　D. 系统软件

28. 下列叙述中，错误的是_____。

A. 把数据从内存传输到硬盘叫写盘

B. 把高级语言源程序转换为目标程序的过程叫编译

C. 应用软件对操作系统没有任何要求

D. 计算机内部对数据的传输、存储和处理都使用二进制

29. 在计算机应用领域中，CAT 指的是_____。

A. 计算机辅助教学　　　　　　　　B. 计算机辅助管理

C. 计算机辅助测试　　　　　　　　D. 计算机辅助分析

30. 如果按字长划分，微型机可分为 8 位机、16 位机、32 位机、64 位机等。所谓 32 位机，是指该计算机所用的 CPU _____。

A. 能同时处理 32 位二进制　　　　B. 具有 32 位的寄存器

C. 只能处理 32 位二进制定点数　　D. 有 32 个寄存器

31. 下列叙述中，正确的是_____。

A. 激光打印机属于击打式打印机

B. CAI 软件属于系统软件

C. 软磁盘驱动器是存储介质

D. 计算机运算速度可以用 MIPS 来表示

32. 下列有关存储器读写速度的排列正确的是_____。

A. RAM > Cache > 软盘 > 硬盘　　　　B. Cache > RAM > 硬盘 > 软盘

C. Cache > 硬盘 > RAM > 软盘　　　　D. RAM > 硬盘 > 软盘 > Cache

33. 将高级语言源程序翻译成机器语言程序，需要使用_____软件。

A. 汇编程序　　　B. 解释程序　　　　　C. 连接程序　　　　　D. 编译程序

34. 下列汉字输入码中，_____属于音码。

A. 自然码　　　　B. 大众码　　　　　C. 智能 ABC 码　　　D. 五笔字型码

35. "信息高速公路"主要体现了计算机在_____方面的发展趋势。

A. 巨型化　　　　B. 超微型化　　　　　C. 网格化　　　　　D. 智能化

36. 下列说法中，正确的是_____。

A. 信息没有明确的、严格的定义

B. 信息不是自然界和人类社会中普遍存在的一切物质和事物的属性

C. 信息不能消除事物的不确定性

D. 信息是数据的载体

37. 面向特定专业应用领域（如图形、图像处理）使用的计算机一般是
_____。

    A. 工作站   B. 大型主机   C. 巨型机   D. 小型机

38. 我们现在广泛使用的计算机是_____。

    A. 小型计算机   B. 模拟计算机

    C. 数字计算机   D. 混合计算机

39. 计算机应用最早也是最成熟的应用领域是_____。

    A. 数值计算   B. 过程控制   C. 人工智能   D. 数据处理

40. 公认的计算机之父是_____。

    A. 布尔   B. 巴贝奇   C. 冯·诺依曼   D. 莫西利

41. 下列有关计算机内部的信息表示，不正确的是_____。

A. 计算机内部的汉字编码全部由中国制定

B. 我国制定的汉字标准代码在计算机内部是用二进制表示的

C. 计算机内部的信息表示有多种标准

D. ASCII 码是由美国制定的一种标准编码

42. 下列有关计算机软件、程序和文档的描述，不正确的是_____。

A. 程序是计算任务的处理对象和处理规则的描述

B. 软件、程序和文档都必须以文件的形式存放在计算机的磁盘上

C. 文档是为了便于了解程序所需的资料和说明

D. 软件是计算机系统中的程序、数据和有关的文档

43. 在计算机领域中通常用 MIPS 来描述_____。

    A. 计算机的可运行性   B. 计算机的运算速度

    C. 计算机的可靠性   D. 计算机的可扩充性

44. 微型机使用 Pentium III 800 的芯片，其中的 800 是指_____。

    A. 显示器的类型   B. CPU 的主频

    C. 内存容量   D. 磁盘空间

45. 下列说法中，不正确的是_____。

A. 主频也叫时钟频率

B. 主频的单位是 GHZ

C. 主频是计算机 CPU 在单位时间内发出的脉冲数

D. 目前 P4 的主频大多在 2.0GHZ 以上

46. "一线联五洲""地球村"是计算机在_____方面的应用。

A. 科学计算　　　B. 信息管理　　　　　C. 网络与通信　　　　D. 人工智能

47. 标准 ASCII 码是_____位码。

A. 6　　　　　　　B. 7　　　　　　　　C. 8　　　　　　　　D. 16

48. 下列四项中，不属于微型计算机主要性能指标的是_____。

A. 字长　　　　　B. 内存容量　　　　C. 时钟脉冲　　　　D. 重量

49. 组成人类社会物质文明的三大要素是_____。

A. 信息、数据和知识　　　　　　　　B. 工业、农业和知识产业

C. 计算机、网络和通讯　　　　　　　D. 信息、物质和能源

50. 建立信息高速公路最核心的内容是_____。

A. 把信息作为商品和资源被全社会所享用

B. 提高通信速度

C. 提高软件开发速度

D. 提高计算机的处理速度

51. 下列对第一台电子计算机 ENIAC 的叙述中，_____是错误的。

A. 它的主要元件是电子管

B. 它的主要工作原理是存储程序和程序控制

C. 它是 1946 年在美国发明的

D. 它的主要应用是数据处理

52. 关于冯·诺依曼体系结构，下列说法中，不正确的是_____。

A. 冯·诺依曼计算机方案将指令和数据同时放在存储器中

B. 世界上第一台计算机采用了冯·诺依曼体系结构

C. 冯·诺依曼体系结构奠定了现代计算机的结构理论

D. 冯·诺依曼提出的计算机体系结构由五部分组成

53. 关于计算机的特点，下列说法中，正确的是_____。

A. 计算机的运算速度和计算精度取决于软件

B. 计算机具有记忆和逻辑判断的能力

C. 计算机能自动运行

D. 适合科学计算，不适合数据处理

54. 下列关于计算机系统的说法中，正确的是_____。

A. 计算机系统由硬件系统和软件系统组成

B. 计算机硬件系统包括继电器、运算器、存储器和 I/O 设备

C. 软件系统不包括操作系统

D. 内存是计算机最核心部件

55. 下列说法中，错误的是_____。

A. 存储器系统由内存和外存组成

B. 存储器的主要技术参数有存取速度、存储容量和密度

C. 微机的内存包括 RAM、ROM 和硬盘

D. 微机的外存有磁带、磁盘和光盘

56. 下列关于进位计数制的说法中，错误的是_____。

A. 最大的数码就是基数

B. 采用"逢基数进位"的原则进行计数，称为进位计数制

C. "位权"取决于每一位数码所在的位置

D. 整数部分和小数部分的进位计数规则相同

57. 下列说法中，正确的是_____。

A. 编译程序和解释程序均不能产生目标程序

B. 解释程序能产生目标程序

C. 编译程序能产生目标程序而解释程序则不能

D. 编译程序不能产生目标程序而解释程序能

58. 下列说法中，正确的是_____。

A. 一个完整的计算机系统由硬件系统和软件系统组成

B. 计算机区别于其他计算工具最主要的特点是准确性

C. 电源关闭后，ROM 中的信息会丢失

D. 16 位字长的计算机能处理的最大数是 16 位十进制

59. 下列关于微型机的说法中，错误的是_____。

A. 光驱属于外部设备

B. 家用电脑属于微机

C. 系统总线是 CPU 与各种部件之间传送各种信息的公共通道

D. 外存储器中的信息能直接进入 CPU 进行处理

60. 下列软件中，_____属于办公软件。

A. IDE   B. Word

C. 汇编程序   D. C 语言编译程序

二、判断题

1. 被称为现代人类社会赖以生存和发展的第三种资源是信息。（　　）

2. ENIAC 计算机使用继电器进行逻辑运算。（　　）

3. JPEG 是一种图像压缩标准，其含义是国际标准化组织。（　　）

4. 信息有着明确的、严格的定义。（　　）

5. 多媒体数据压缩采用的基本技术是通过一定的数据分类实现数据的压缩。（　　）

6. 面向特定专业应用领域（如图形、图像处理）使用的计算机一般是工作站。（　　）

7. 目前，巨型机应用最主要的领域是多媒体处理。（　　）

8. 计算机辅助教育的缩写是 CMI。（　　）

9. 主要通过信息技术，人类实现了世界范围的信息资源共享，世界变成了一个"地球村"。（　　）

10. 我们现在广泛使用的计算机是模拟计算机。（　　）

三、填空题

1. 计算机中系统软件的核心是_____，它主要用来控制和管理计算机的所有软硬件资源。

2. 计算机的指令由_____和_____组成，为解决某一特定问题而设计的指令序列称为_____。

3. 计算机中用来表示存储空间大小的最基本容量单位是_____。

4. _____语言是计算机唯一能够识别并直接执行的语言。

5. 微型计算机的内存一般指的是_____。

6. _____是计算机各功能部件之间传送信息的公共通信干线，它分为_____、_____和_____三种。

7. 显示系统由显示器与_____组成。

8. 用屏幕水平方向上显示的点数乘垂直方向上显示的点数来表示显示器清晰度的指标，通常称为_____。

9. 计算机能够自动完成运算或处理过程的基础是_____工作原理，该原理常被称为冯洛伊曼原理。

10. 计算机处理数据时，CPU通过数据总线一次存取、加工和传送的数据称为_____。

第2章　Windows 7 操作系统

实验一　Windows 7 的基本操作

一、实验目的及实验任务

（一）实验目的

1. 掌握 Windows 7 的启动和关闭方法。

2. 掌握 Windows 7 窗口的基本组成和操作。

3. 观察计算机硬件、软件的基本信息。

4. 了解 Windows 7 的帮助系统。

（二）实验任务

正确启动和关闭计算机；查看计算机的主要硬件、软件信息；使用 Windows 7 的帮助系统。

二、实验操作过程

（一）Windows 7 系统的启动与关闭

1. Windows 7 的启动。启动是操作 Windows 7 系统的第一步，掌握正确的开关机方法，可避免计算机遭受不必要的损害。

打开计算机主机电源，此时主机前面板的电源指示灯会变亮，计算机随即将被启动，在自检程序后进入 Windows 7 操作系统。

注意：（1）如果是安装了双系统的计算机，需要用户选择进入 Windows 7 系统。

（2）如果发现系统存在故障，可以在系统将要启动时按下功能键 F8，在出现的高级启动菜单中，用户可根据实际情况选择所需的启动方式，如图 2-1 所示。

2. Windows 7 的关闭。退出 Windows 7 系统时，单击任务栏"开始"菜单右下角"关机"命令。不能直接关闭计算机电源，否则可能会丢失一些尚未保存的信息，或者损坏正在运行的程序。

在"关机"按钮右侧有一个小三角按钮，单击后弹出菜单，包含了"切换用户""注销""锁定""重新启动""睡眠""休眠"选项，分别选择，观察一下操作的结果。

（二）窗口的基本组成和操作

1. 窗口的组成。双击桌面的"计算机"图标，打开的"计算机"窗口是 Windows 7 系统下的一个标准窗口，观察并指出"标题栏""地址栏""搜索栏""工具栏""导航窗格""窗口工作区""状态栏"等窗口的组成元素。

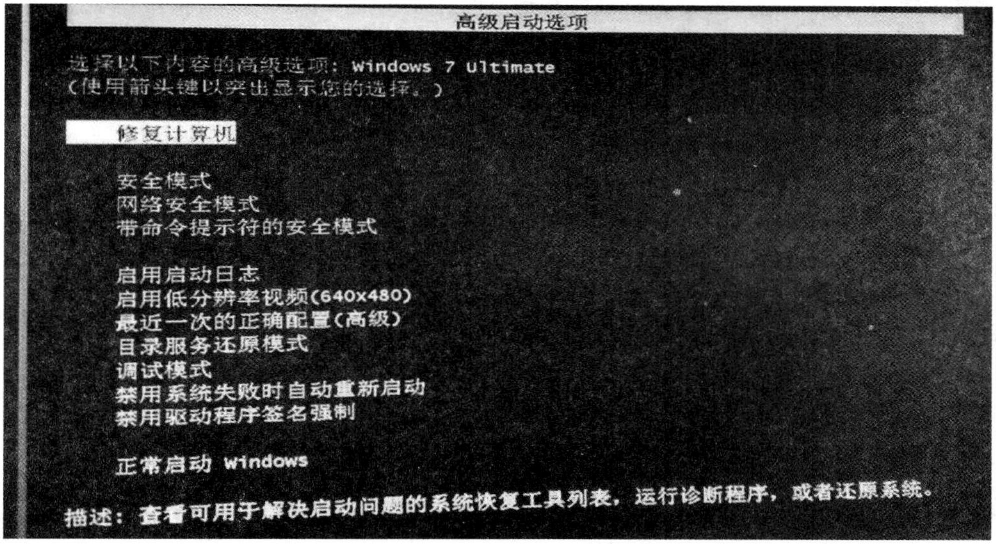

图 2 - 1　高级启动选项

2. 窗口的操作。

（1）移动：将鼠标移动到标题栏，按住左键拖动，可以改变窗口在桌面上的位置。

（2）改变大小：将鼠标移动到窗口四个边的任意一边，当指针变为"双向箭头"时，按下鼠标左键拖动，可以改变窗口的高度或宽度。同样操作，将鼠标指针定位在矩形窗口四个角的任意一角，可以同时改变窗口的高度和宽度。

（3）最小化：单击标题栏右侧的最小化按钮，可以将窗口最小化，收缩于任务栏上。

（4）关闭：单击标题栏右侧的关闭按钮，可以将窗口关闭。

注意：用鼠标拖动"计算机"窗口标题栏至屏幕最上方，当指针碰到屏幕的上方边沿时，窗口会最大化。用同样的方式拖动窗口到屏幕的最右边，当指针碰到屏幕的右方边沿时，窗口会填充至屏幕的右半边，如图 2 - 2 所示。左边同理。

（三）观察实验室学生计算机的基本信息

单击屏幕左下角"开始"按钮，可以打开"开始"菜单，如图 2 - 3 所示。"开始"菜单是 Windows 操作系统中的重要元素，被称作系统的中央控制区域，在该菜单中可以启动电脑已安装的程序或执行电脑管理任务。

单击"开始"按钮，移动鼠标指向"所有程序"→"附件"→"系统工具"，单击"系统信息"，打开"系统信息"窗口，如图 2 - 4。通过该窗口，可以观察到计算机的硬件、软件基本信息。

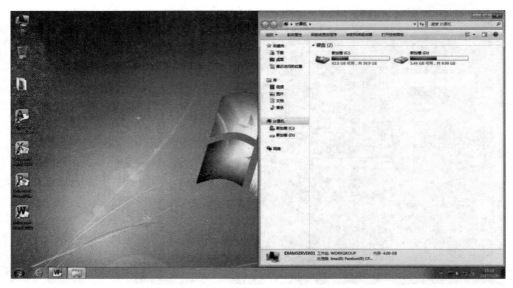

图 2 - 2　鼠标指针碰到右边沿

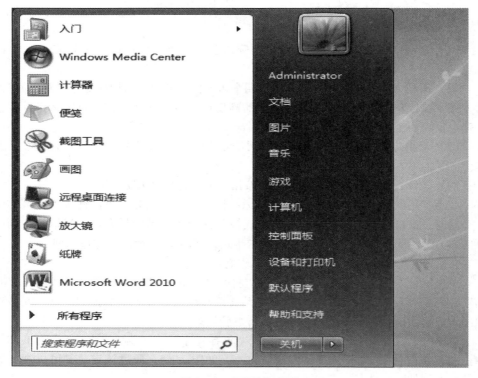

图 2 - 3　"开始"菜单

图 2-4 "系统信息"窗口

单击"开始"按钮，移动鼠标指向"控制面板"，打开"控制面板"窗口，单击"系统和安全"→"系统"，将打开"系统"窗口，如图 2-5 所示。

图 2-5 "系统"窗口

在"系统"窗口，单击左侧的"设备管理器"文字链接，在打开的"设备管理器"窗口可以全面了解机器的硬件信息，如图2-6所示。

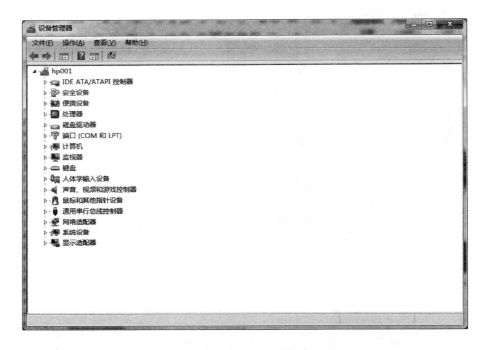

图2-6　"设备管理器"窗口

（四）Windows 7 的帮助系统

单击"开始"按钮，移动鼠标指向"帮助和支持"，单击打开"Windows 帮助和支持"窗口，如图2-7所示。利用"帮助和支持"窗口，可以协助用户学习和使用Windows 7 系统。

在搜索栏键入关键字，可以获取相关的帮助信息，例如，输入"共享"，可以检索到30 条相关的操作问题（如图2-7所示）。

三、实验分析及知识拓展

本次实验主要练习 Windows 7 系统的启动和关闭，掌握对窗口的基本操作。

安全模式是 Windows 操作系统中的一种特殊模式，其工作原理是在不加载第三方设备驱动程序的情况下启动电脑，使电脑运行在系统最小模式，方便用户检测、修复计算机系统的错误。用户可以在系统启动时，按下功能键 F8，选择进入系统安全模式。

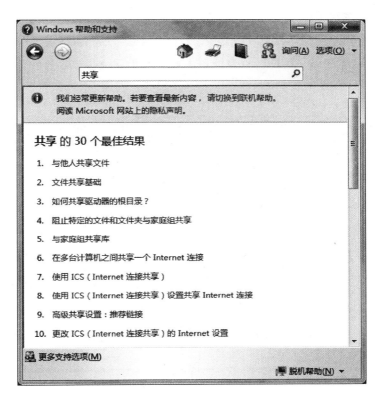

图 2 - 7 "帮助和支持"窗口

实验二 Windows 7 的桌面设置与操作

一、实验目的及实验任务

（一）实验目的

1. 掌握 Windows 7 桌面图标的使用方法。

2. 掌握 Windows 7 桌面的个性化设置。

3. 掌握 Windows 7 桌面显示外观的设置。

4. 掌握 Windows 7 任务栏和开始菜单的设置和使用方法。

（二）实验任务

1. 完成 Windows 7 桌面的个性化设置。

2. 完成对任务栏和开始菜单的设置。

二、实验操作过程

（一）使用图标

1. 添加系统图标。在桌面空白处单击鼠标右键，选择"个性化"命令；单击"个性化"窗口左侧的"更改桌面图标"文字链接，如图2-8所示。打开"桌面图标设置"对话框，如图2-9所示，选中"控制面板"和"网络"两项，即可在桌面

图2-8   "个性化"窗口

图2-9   "桌面图标设置"对话框

上添加这两个图标。关闭"个性化"窗口，返回桌面，观察操作结果。

2. 更改桌面图标。打开"桌面图标设置"窗口，选择要更改图标的项目，单击"更改图标"按钮，选定新的图标，单击"确定"按钮，完成更改。"还原默认值"可以将选定项目的图标还原成系统的默认设置。

3. 排列图标。在桌面空白处右击鼠标，在快捷菜单中选择"查看"命令，在弹出的级联菜单中分别选择"大图标""中等图标""小图标"，观察桌面变化。

为了更方便快捷地使用图标，用户可以根据自己的要求对图标的排列顺序进行整理。桌面图标除了可以用鼠标拖动随意安放，还可以按名称、大小、类型和修改日期来排列桌面图标。在桌面空白处右击鼠标，在快捷菜单中选择"排列方式"，依次选择"名称""大小""项目类型""修改日期"，观察桌面图标的排列情况。

注意：如果勾选了"自动排列图标"，桌面图标将从左到右自动排列，不再支持鼠标拖拽方式任意更改图标的位置。

（二）桌面的个性化设置

1. 更改主题。在桌面空白处单击鼠标右键，选择"个性化"命令，将打开如图2-8所示的"个性化"窗口，选择"我的主题"或"Aero主题"中的一个，更改主题。

Windows 7的桌面主题包括了桌面背景、窗口颜色、系统声音和屏幕保护程序等，可以在"个性化"窗口逐项设置。

2. 设置桌面背景。在如图2-8所示窗口中单击"桌面背景"选项，可以根据需要完成桌面背景设置，如图2-10所示。单击"图片位置"按钮，在下拉列表中选择"Windows桌面背景""图片库""顶级照片""纯色"中的一幅图片作为桌面背景，或者单击"浏览"，选择目标位置的图片作为背景，单击"保存修改"完成设置。如果选择了多幅图片作为桌面背景，可以设置"更改图片时间间隔"和"无序播放"选项。

3. 设置窗口颜色。在如图2-8所示窗口中单击"窗口颜色"选项，可以根据需要更改"开始"菜单、任务栏和窗口边框的颜色，如图2-11所示。Windows 7提供了16种颜色方案，单击选定，单击"保存修改"完成设置。

4. 设置系统声音方案。在如图2-8所示的窗口中单击"声音"选项，可以根据需要修改系统声音，如图2-12所示。Windows提供了"传统""都市风暴""风景"等15种声音方案，单击选定，单击"保存修改"，完成设置。在该窗口还可以设置是否"播放Windows启动声音"。

图 2 - 10　"桌面背景"窗口

图 2 - 11　"窗口颜色和外观"窗口

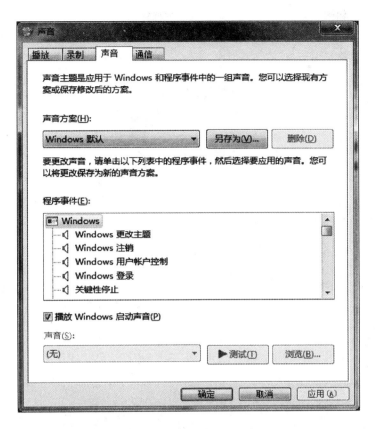

图 2－12 "声音"对话框

5. 设置桌面保护程序。在如图 2－8 所示的窗口中单击"屏幕保护程序"选项,可以根据需要设置或修改屏幕保护程序, 如图 2－13 所示。单击"屏幕保护程序"下拉列表, 可以选择屏保方案, 如彩带、三维文字等, 有些项目还可以通过点击旁边的"设置"按钮, 完成个性化设置, 单击"确定"按钮, 完成设置。

6. 保存、删除主题。经过对桌面背景、窗口颜色、系统声音和屏幕保护程序项目的修改, 主题发生了变化, 包含新设置的主题会出现在"我的主题"项目下, 默认名为"未保存主题", 右击"未保存主题"选择"保存主题"命令（如图 2－14 所示）, 打开"将主题另存为"对话框（如图 2－15 所示）, 输入主题名, 单击"保存", 退出。

如果要删除某个主题, 可以鼠标右击目标, 选择"删除主题"。正在使用的主题不能被删除。

图 2 – 13 "屏幕保护程序设置"对话框

图 2 – 14 保存主题

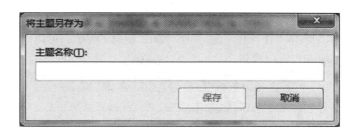

图 2-15 "主题另存为"对话框

（三）设置屏幕分辨率

在桌面空白处右击鼠标，在快捷菜单中选择"屏幕分辨率"命令，打开"屏幕分辨率"窗口，单击"分辨率"右侧的下拉菜单，根据需要选择分辨率，如图 2-16 所示，单击"确定"按钮，退出。

（四）任务栏的使用与设置

任务栏是 Windows 操作系统中使用最频繁的桌面元素之一，位于桌面下方，用户可以通过任务栏完成许多操作。

任务栏从左往右依次是"开始"菜单按钮、快速启动区、语言栏、通知区域、"显示桌面"按钮。

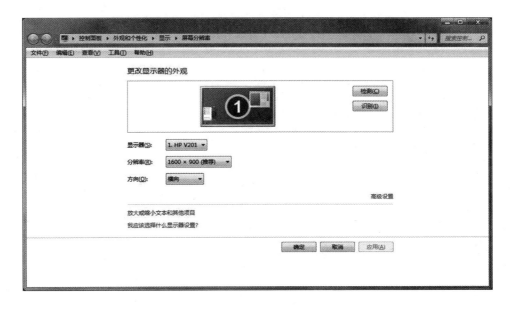

图 2-16 "屏幕分辨率"窗口

右击任务栏空白处，在快捷菜单中选择"属性"，打开"任务栏和「开始」菜单属性"对话框，单击"任务栏"选项卡，如图 2 – 17 所示，可以对任务栏的外观、位置、按钮的排列方式进行设置。

图 2 – 17　"任务栏和「开始」菜单属性"对话框

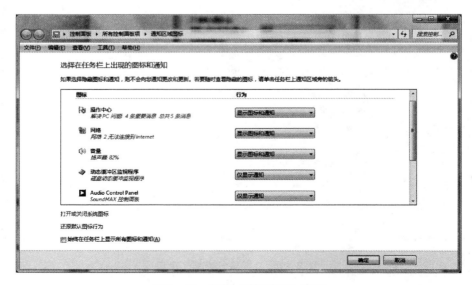

图 2 – 18　"通知区域图标"窗口

1. 快速启动区：对于未打开的程序，将程序的快捷方式图标直接拖动到任务栏的空白处，可将此程序锁定到任务栏。对于已打开的程序，右击任务栏中该程序的图标，单击"将此程序锁定到任务栏"，程序会常驻任务栏。右击任务栏中已锁定的某图标按钮，单击"将此程序从任务栏解锁"，可将该程序图标从任务栏移除。任务栏快速启动区的图标可以用鼠标左键拖动来改变它们的顺序。

2. 语言栏：用于显示已经安装的输入法和正在使用的输入法。

3. 通知区域：显示一些程序的快捷图标、系统时间日期。通知区域的系统运行程序图标可以通过"任务栏"属性对话框进行通知区域的"自定义"设置，如图2 – 18 所示。

4. "显示桌面"按钮，单击该按钮可显示完整桌面，再单击即会还原。

5. 跳转列表，右键单击任务栏的一个图标，可以打开跳转列表，查看该程序的历史记录、解锁任务栏以及关闭程序，如图 2 – 19 所示。

图 2 – 19 跳转列表

（五）"开始"菜单的使用与设置

通过"开始"菜单，可以运行系统中已安装的程序。

如图 2 – 17 所示，单击"「开始」菜单"选项卡，选择"自定义"，打开"自定义开始菜单"对话框，如图 2 – 20 所示，可以设置"开始"菜单上的链接、图标以及菜单的外观等。

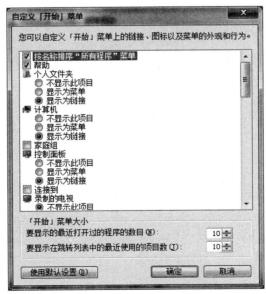

图 2 – 20 "开始"菜单属性设置

三、实验分析及知识拓展

本次实验主要练习 Windows 7 系统的桌面管理。

Windows Aero 是从 Windows Longhorn 后期开始使用的全新的用户界面。"Aero"是首字母缩略字，即 Authentic（真实）、Energetic（动感）、Reflective（具反射性）及 Open（开阔）的缩略字，意为 Aero 界面是具立体感和透视感的令人震憾的阔大的用户界面。

Windows 7 系统自带的 Aero 主题有 7 个，包括以下几种特效：透明毛玻璃效果；Windows Flip 3D 窗口切换；Aero Peek 桌面预览；任务栏缩略图及预览。

四、拓展作业

1. 按组合键 Ctrl + Windows 徽标键 + Tab，使用三维窗口来切换窗口，观察操作效果。2. 修改桌面"计算机"项目的图标，并将图标名称更改为"我的电脑"。

3. 利用"个性化"窗口依次修改桌面背景、窗口颜色、系统声音、屏幕保护程序，设置一个新桌面主题，命名为"My Theme"。

4. 自定义"开始"菜单，将"运行"命令显示在"开始"菜单的右窗格，并隐藏"游戏"项目。

5. 修改电源按钮操作为"重新启动"。

实验三　运行程序和打开文档

一、实验目的及实验任务

（一）实验目的

1. 掌握 Windows 7 快捷方式的创建和管理。

2. 掌握 Windows 7 "运行"命令的使用。

（二）实验任务

1. 为目标项目在指定位置创建快捷方式。

2. 利用"运行"命令启动指定程序。

二、实验操作过程

（一）Windows 7 快捷方式的创建和管理

1. 创建桌面快捷方式。用户可以为经常使用的项目（应用程序、文件、文件夹、打印机或者网络中的计算机等）创建桌面快捷方式，这样在需要打开项目时，可以通过双击桌面快捷方式实现快速启动。例如，为"计算器"程序创建桌面快捷方式（"计算器"程序名为 calc. exe）：

方法一：打开"计算机"窗口，在"搜索"框中输入"calc. exe"，如图 2 - 21 所示，确定"计算器"程序所在的位置 C：\ Windows \ System32。利用"计算机"打开 C：\ Windows \ System32，如图 2 - 22 所示，右键单击项目（calc. exe），在快捷菜单中单击"发送到"→"桌面快捷方式"命令。

方法二：在如图 2－22 所示的窗口，用鼠标右键将项目（calc.exe）拖到桌面上，然后单击"在当前位置创建快捷方式"，如图 2－23 所示。

图 2－21 "calc.exe"的搜索结果

图 2－22 "System32"窗口

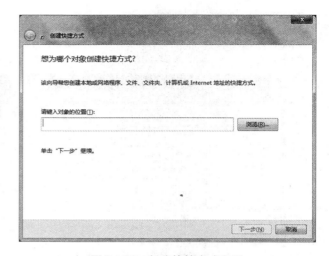

图 2 - 23　快捷菜单　　　　　　图 2 - 24　创建快捷方式向导

方法三：在如图 2 - 22 所示的窗口，鼠标左键单击选定项目（calc. exe），打开"文件"菜单，选择"发送到"→"桌面快捷方式"。

方法四：在桌面上单击鼠标右键，从弹出的菜单中单击"新建"→"快捷方式"，如图 2 - 24 所示，输入"C：\Windows\System32\calc. exe"，点击"下一步"，利用创建快捷方式向导完成。

2. 在"开始"菜单中创建快捷方式。

方法一：鼠标右击需要创建快捷方式的项目，或右击快捷方式，在弹出的快捷菜单中选择"附到「开始」菜单"，如图 2 - 25 所示，单击即可。

方法二：选中需要创建快捷方式的项目，或右击快捷方式，按住鼠标左键拖拽到"开始"图标上，系统会自动提示"附到「开始」菜单"，松开鼠标即可。

3. 在文件夹中创建快捷方式。在"资源管理器"中，找到需要创建快捷方式的项目，右击鼠标在快捷菜单中单击"创建快捷方式"命令，或者选中项目后，打开文件菜单，单击"创建快捷方式"，将在项目的同一路径位置创建项目的快捷方式。

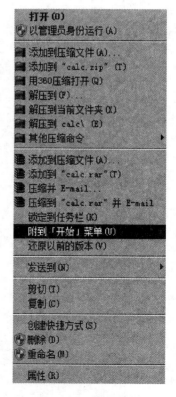

图 2 - 25　快捷菜单

4. 快捷方式的删除。鼠标右键单击要删除的快捷方式，单击"删除"，选择"是"，完成。

（二）Windows 7 "运行"命令的使用

"开始"→"所有程序"→"附件"→"运行"命令，打开"运行"对话框，如图 2 - 26 所示。通过"运行"对话框，用

图 2 - 26 "运行"对话框

户可以启动程序，或者打开文件、文件夹或网站。在"运行"对话框中分别输入"calc. exe""C：""www. 163. com"，观察操作结果。

如果不清楚程序或文件路径，可以单击"浏览"按钮，在"浏览"对话框中选择要运行的项目，然后单击"确定"按钮。

实验四 Windows 7 库的基本操作

一、实验目的及实验任务

（一）实验目的

1. 掌握资源管理器的基本操作。

2. 掌握库的概念与基本操作。

3. 了解库与文件夹的异同。

（二）实验任务

1. 资源管理器窗口的显示定制。

2. 库的创建、管理、删除。

二、实验所需素材

"素材文件：实验素材 \ 第 2 章 \ 实验四"。

三、实验操作过程

（一）资源管理器的基本操作

1. "资源管理器"的打开。

方法一：双击打开"计算机"或"回收站"。

方法二：鼠标右键单击"开始"按钮，选择"打开 Windows 资源管理器"命令。

方法三：鼠标左键单击"开始"→"所有程序"→"附件"→"Windows 资源管理器"。

方法四：单击任务栏快速启动区的"资源管理器"图标。

方法五：Windows 徽标键 + E。

2. "资源管理器"的显示定制。单击资源管理器中的"组织"→"布局"→"菜单栏"，将菜单栏显示于工具栏上方。

单击工具栏右侧的"更多选项"下拉列表，打开，如图 2 - 27 所示，可以分别选择"超大图标""大图标""中等图标""小图标""列表""详细信息""平铺""内容"等形式显示窗口工作区的内容。功能同单击菜单栏的"查看"。

单击工具栏右侧的"显示预览窗格"按钮，可以设置窗格的预览功能。单击"第 2 章 \ 实验四"中的文件"cpu. docx"，可在窗格中预览到文件的内容，如图 2 - 28 所示。

3. "文件夹和搜索选项"。鼠标左键单击资源管理器中的"组织"→"文件夹和搜索选项"，或者单击"工具"菜单栏→"文件夹

图 2 - 27　"更多选项"列表

图 2 - 28　"资源管理器"窗口

选项"，将打开"文件夹选项"对话框，如图 2 - 29 所示。在"常规"选项卡，可以设置文件夹的打开方式、导航窗格的显示方式等。"查看"选项卡，可以设置是否显示菜单栏、是否显示带有隐藏属性的文件或文件夹、是否隐藏已知文件类型的扩展名等。

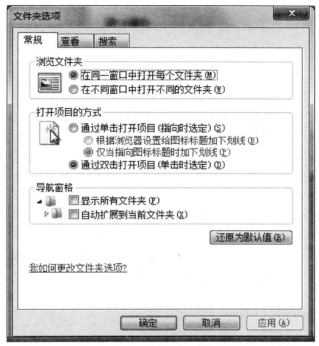

图 2 - 29 "文件夹选项"对话框

（二）库的基本操作

1. 库的创建。在资源管理器窗口，单击导航窗格中的"库"，窗口工作区中显示 Windows 7 的"库"功能，系统默认提供了四个分类：视频、图片、文档和音乐。在空白位置单击鼠标右键选择"新建"→"库"，输入库的名称"computer libraries"，按回车确定。新创建的库为空，不包含内容。

2. 在库中包含文件夹。在资源管理器窗口，打开"实验四"，鼠标右击"硬件图片"文件夹，在弹出的快捷菜单中选择"包含到库中"→"图片"。"硬件图片"文件夹即被添加进了"图片"库（如图 2 - 30 所示）。

3. 在库中删除文件夹。打开资源管理器窗口，在导航窗格中单击"图片"库，窗口工作区上方单击"包括"右侧的"位置"文字连接，打开"图片库位置"对话框，如图 2 - 31 所示。选中要删除的文件夹"硬件图片"，单击"删除"按钮，再单击"确定"，退出对话框。

图 2-30　图片库

图 2-31　图片库位置

4. 删除库。打开资源管理器窗口，右键单击要删除的库 "computer libraries"，在弹出的快捷菜单中选择 "删除"。

四、实验分析及知识拓展

"库" 是 Windows 7 操作系统中比较抽象的文件组织功能，可以包含不同位置的文件，用户无须从存储位置访问这些文件。库可以进行复制、粘贴、重命名等操作。

实验五　**Windows 7 文件与文件夹的管理**

一、实验目的及实验任务

（一）实验目的

1. 熟练掌握文件/文件夹的新建、选定、重命名操作。

2. 熟练掌握文件/文件夹的复制、移动、删除操作。

3. 掌握文件/文件夹的属性设置、搜索操作。

4. 掌握 "回收站" 的使用。

5. 了解文件的共享。

（二）实验任务

1. 在实验素材 "信息工程专业" 文件夹下新建一个文件夹 "2017 级"。

2. 在实验素材 "计算机应用专业" 文件夹下新建文件 "成绩单 . docx"。

3. 将文件夹 "信息工程专业" 改为 "信息安全专业"，文件 "专业介绍 . docx" 改为 "招生计划 . docx"。

4. 将实验素材 "信息管理专业" 文件夹下的 "2016 级" 文件夹设置为 "隐藏" 属性，将 "2015 级" 文件夹下的文件 "学生名单 . docx" 设置为只有 "只读" 属性。

5. 将 "必修课程 . xlsx" 和 "选修课程 . xlsx" 两个文件复制到 "2015 级" 文件夹下。

6. 将文件 "毕业论文要求 . docx" 移动到 "信息管理专业" 下。

7. 删除 "入学通知 . docx" 到回收站，不经回收站直接删除文件 "校园 . bmp"。

8. 将回收站中的 "入学通知 . docx" 还原到原来位置。

9. 将 "计算机应用专业" 文件夹设置为共享。

10. 在 "实验五" 中搜索文件 "必修课程 . docx"。

11. 将 "实验五" 文件夹压缩为 "实验五 . rar" 放置于桌面。

二、实验所需素材

"素材文件：实验素材 \ 第 2 章 \ 实验五"。

三、实验操作过程

1. 新建文件夹：

（1）方法一：打开 "资源管理器" 窗口，在左侧导航窗格单击 "信息工程专业"，右侧窗口显示 "信息工程专业" 文件夹的内容，单击 "文件" 菜单，选择

"新建"→"文件夹",右窗口中会出现新建文件夹,输入文件夹名"2017级",按回车确定。

(2)方法二:打开"资源管理器"窗口,在左侧导航窗格单击"信息工程专业",右侧窗口显示"信息工程专业"文件夹的内容,在右侧窗口空白位置单击鼠标右键,快捷菜单中选择"新建"→"文件夹",输入文件夹名"2017级",按回车确定。

2. 新建文件。打开"资源管理器"窗口,在左侧导航窗格单击"计算机应用专业",右侧窗口显示"计算机应用专业"文件夹的内容,在右侧窗口空白位置单击鼠标右键,快捷菜单中选择"新建"→"Microsoft Word 文档",输入文件夹名"成绩单.docx",按回车确定。

按以上方法创建的 Word 文档是一个空文件,不包含任何内容,如果要对内容进行编辑,需要双击文件启动程序。

3. 重命名文件或文件夹。打开"资源管理器"窗口,在左侧导航窗格单击"实验五",右侧窗口显示"实验五"文件夹的内容,在右侧窗口用鼠标右键单击"信息工程专业",快捷菜单中选择"重命名",删除原文件夹名,输入"信息安全专业",按回车确定。

用同样的操作方法为文件"专业介绍.docx"重命名。

4. 文件或文件夹的属性设置。打开"资源管理器"窗口,在左侧导航窗格单击"信息管理专业",右侧窗口显示"信息管理专业"文件夹的内容,鼠标右击"2016级"文件夹,在快捷菜单中选择"属性",打开"属性"对话框,单击选中"隐藏",在"隐藏"前面的方框中出现"√",单击"确定",退出"属性"对话框。

参照上面的步骤,将文件"学生名单.docx"的属性设置为"只读"。

5. 文件或文件夹的复制。打开"资源管理器"窗口,在左侧导航窗格单击"计算机应用专业",右侧窗口显示"计算机应用专业"文件夹的内容。

方法一:在左侧窗格展开"信息管理专业"节点,让"2015级"文件夹显示出来。在右侧窗口鼠标左键单击文件"必修课程.xlsx",按住 Ctrl 键,再单击文件"选修课程.xlsx",选定两个文件。鼠标指向选定文件,按住 Ctrl 键不放,然后按住鼠标左键拖拽文件到左侧窗格的"2015级"文件夹上,释放鼠标左键和 Ctrl 键,复制完成。拖拽过程中鼠标指针上会有标签显示"复制到……"

方法二:用鼠标 + Ctrl 键配合选定两个文件后,单击鼠标右键选择"复制"命令,将"资源管理器"切换到"2015级"窗口,单击鼠标右键选择"粘贴"命令,完成操作。

方法三:用鼠标 + Ctrl 键配合选定两个文件后,单击"编辑"菜单"复制"命令,将资源管理器切换到"2015级"窗口,单击"编辑"菜单选择"粘贴"命令,完成操作。

6. 文件或文件夹的移动。打开"资源管理器"窗口,在左侧导航窗格单击"计算机应用专业"，右侧窗口显示"计算机应用专业"文件夹的内容，在右侧窗口鼠标左键单击文件"毕业论文要求.docx"，选定。按住鼠标左键拖拽文件到左侧窗格的"信息管理专业"文件夹上，释放鼠标，移动完成。拖拽过程中鼠标指针上会有标签显示"移动到……"

移动操作也可以利用鼠标右键的快捷菜单或"编辑"菜单的"剪切""粘贴"命令完成，操作方法基本同上。

7. 文件或文件夹的删除。打开"资源管理器"窗口，在左侧导航窗格单击"信息管理专业"，右侧窗口显示"信息管理专业"文件夹的内容。

鼠标右键单击文件"入学通知.docx"，在弹出的快捷菜单中选择"删除"，出现的提示框中选择"是"，如图2-32所示，完成操作。

鼠标右键单击文件"校园.bmp"，按下 shift 键，在弹出的快捷菜单中选择"删除"，出现的提示框中选择"是"，如图2-33所示，完成操作。

图 2-32　删除文件

图 2-33　永久性删除文件

注意：图2-32与图2-33中提示内容的区别。

8. 回收站的管理。双击桌面的"回收站"图标，打开"回收站"窗口，鼠标右键单击文件"入学通知.docx"，在弹出的快捷菜单中选择"还原"，即可将文件还原到原位置。在"回收站"窗口还可以进行"清空回收站"的操作。

9. 共享文件夹。鼠标右键单击文件夹"计算机应用专业"，在弹出的快捷菜单中选择"属性"命令，打开"共享"选项卡，如图2-34所示。单击"高级共享"按钮，在弹出的"高级共享"对话框中，选中"共享此文件夹"，输入共享名"计算机应用专业"，单击"确定"按

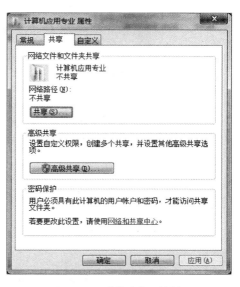

图 2-34　"共享"对话框

钮，完成操作。

10. 搜索文件。在"资源管理器"窗口打开"实验五"，在右上角的搜索框中输入"必修课程.docx"，控回车开始搜索，搜索结果如图 2 - 35 所示。

注意："开始"菜单的"搜索程序和文件"，同样可以实现搜索功能。

11. 文件压缩。鼠标右击文件夹"实验五"，选择"添加到压缩文件…"，弹出"压缩"对话框，如图 2 - 36 所示。输入"压缩文件名"，选择压缩格式"RAR"或

图 2 - 35　"搜索结果"窗口

图 2 - 36　"压缩"对话框

"ZIP",单击"浏览"按钮,为压缩文件选择存放位置"桌面"后,单击确定,完成操作。

如果未设置存放位置,压缩文件将和原文件在同一文件夹中。

四、实验分析及知识拓展

文件和文件夹的操作是 Windows 7 这一章学习的重点,许多操作使用菜单、鼠标拖拽或右键快捷菜单命令等多种方式均可实现,应用中可根据情况灵活掌握,勤加练习。

实验六 **Windows 7 综合实验**

一、实验目的及实验任务

(一)实验目的

掌握"资源管理器"的操作是本章学习的重点内容。通过本实验,熟练掌握文件和文件夹的组织、管理方法。

(二)实验任务

1. 文件和文件夹的创建、移动、复制、删除和还原。

2. 文件和文件夹的重命名。

3. 文件和文件夹属性的设置和修改。

4. 快捷方式的创建。

5. "画图"程序的使用。

二、实验所需素材

"素材文件:实验素材 \ 第 2 章 \ 实验六"。

三、实验操作过程

(一)操作要求

1. 将"Cappuccino"文件夹的"隐藏"属性去掉。

2. 在"ks"文件夹下新建文件夹"backup",并将属性设置为"只读"。

3. 将"Latte"文件夹下的文件"cafe2. jpg"和"menu. xlsx"移动到"Cappuccino"文件夹。

4. 将文件夹"Mocha"重命名为"Americano"。

5. 将"Latte"文件夹下的文件"cafe1. jpg"不经回收站直接删除。

6. 将文件"Macchiato. rar"解压缩到桌面。

7. 将桌面内容保存为"desktop. bmp"文件,放在"backup"文件夹中。

8. 在"ks"文件夹下创建一个名为"记事本"的快捷方式,其对应的程序项目为"notepad. exe"。

（二）操作步骤

1. 修改文件夹属性。打开"资源管理器"窗口，在左侧导航窗格单击"ks"文件夹，右侧窗口显示"ks"文件夹中的内容。如果没有看到"Cappuccino"文件夹，需要打开"文件夹选项"对话框，在"查看"选项卡中找到"显示隐藏文件、文件夹和驱动器"项目，选中。

鼠标右击"Cappuccino"文件夹，在弹出的快捷菜单中选择"属性"，打开"属性"对话框，去掉"隐藏"前面的"√"，单击"确定"，完成操作。

2. 新建文件夹、设置属性。在"资源管理器"中打开"ks"文件夹，空白处右击鼠标选择"新建"→"文件夹"，输入文件夹名"backup"，按回车即可。

鼠标右击"backup"文件夹，打开"属性"对话框，设置"只读"属性。

3. 文件的移动。在"资源管理器"中打开"Latte"文件夹，选定文件"cafe2.jpg"和"menu.xlsx"，单击"编辑"菜单"剪切"命令，然后打开文件夹"Cappuccino"，单击"编辑"菜单"粘贴"即可。

4. 文件夹的重命名。在"资源管理器"中打开"ks"文件夹，鼠标右击"Mocha"文件夹，选择"重命名"命令，输入新文件夹名"Americano"，按回车即可。

5. 文件的删除。在"资源管理器"中打开"Latte"文件夹，鼠标右击文件"cafe1.jpg"，按住shift，在快捷菜单中选择"删除"，下一步提示选择"是"，完成操作。

6. 文件解压缩。鼠标右击文件"Macchiato.rar"，选择"解压文件…"，单击"显示"按钮，将"目标路径"设置为"桌面"，如图2-37所示，单击"确定"完成。

图2-37　解压路径设置对话框

7. "画图"程序。单击任务栏"显示桌面"按钮，按下"Print Screen"键，打开"画图"程序，单击工具栏"粘贴"按钮，桌面内容将被粘贴到画图程序中。单击标题栏的"保存"按钮，在"另存为"对话框中找到"backup"文件夹，输入文件名"desktop. bmp"，单击"保存"退出。

8. 创建快捷方式。在"资源管理器"中打开"ks"文件夹，鼠标右击空白位置，在快捷菜单中选择"新建"→"快捷方式"，在"键入对象的位置"提示框中输入"C：\ windows \ system32 \ notepad. exe"，单击"下一步"，输入快捷方式的名称"记事本"，单击"完成"，退出即可。

四、拓展作业

"素材文件：实验素材 \ 第 2 章 \ 拓展作业"。

1. 将"COMPUTER"文件夹下的"ROM"文件夹的"隐藏"属性去掉，将文件"book. xlsx"的属性设置为"只读"。

2. 将"SRAM"和"DRAM"两个文件夹复制到"NOTEBOOK"文件夹。

3. 将"IO"文件夹重命名为"输入输出设备"。

4. 将文件"cpu. docx"移动到"NOTEBOOK"文件夹下。

5. 在 PAD 文件夹下新建文件"temp. abc"，并设置关联程序为"记事本"。

6. 为"画图"程序创建桌面快捷方式（"画图"程序文件名为 mspaint. exe）。

7. 在 PAD 文件夹下新建文件"ios. docx"，并将当前桌面的内容保存于"ios. docx"文件中。

8. 将"hp. pptx"文件删除到回收站。

9. 利用"画图"程序，将 Windows 7 桌面的"计算机"程序图标保存为一个大小为 60 * 60 像素的图像文件"pc. bmp"，保存在"NOTEBOOK"文件夹下。

10. 将文件夹"COMPUTER"压缩为"PC. rar"。

 综合练习

一、单项选择题

1. 下列不属于 Windows 7 版本的是_____。

A. 家庭基础版　　B. 专业版　　　　　C. 网络试用版　　　　D. 旗舰版

2. 操作系统是一组控制和管理计算机系统的硬件和软件资源、控制程序执行、改善人机界面、合理地组织计算机工作流程并为用户使用计算机提供良好运行环境的一种_____软件。

A. 应用　　　　　B. 系统　　　　　　C. 语言　　　　　　　D. 工具

3. 操作系统对硬件资源管理的功能不包括_____。

A. 设备管理　　　B. 存储管理　　　　C. 文件管理　　　　　D. 处理机管理

4. 下列关于操作系统的并发性的说法中，不正确的是_____。

A. 并发性是指两个或两个以上的运行程序在同一时间间隔内同时执行

B. 并发性是指操作系统中的资源（包括硬件资源和软件资源）可被多个并发执行的进程所使用

C. 并发性可以有效提高系统资源的利用率

D. 采用并发技术的系统称为多任务系统

5. 用户将作业交给系统操作员，系统操作员将许多用户的作业组成一批作业，然后输入到计算机中，在系统中形成一个自动转接的连续的作业流，再启动操作系统，系统自动执行每个作业，最后由系统操作员将作业结果交给用户，这种工作方式是_____。

　　A. 分时　　　　　　B. 实时　　　　　　C. 嵌入　　　　　　D. 批处理

6. _____系统具有多路性、交互性、独占性和及时性的特征，它将 CPU 的运行时间划分成若干个片段，称为时间片，操作系统以时间片为单位，轮流为每个终端用户服务。

　　A. 分时　　　　　　B. 实时　　　　　　C. 嵌入　　　　　　D. 批处理

7. 下列软件不属于操作系统的是_____。

　　A. Windows 7　　　B. Office　　　　　C. Mac OS　　　　　D. Unix

8. 下列属于多用户、多任务操作系统的是_____。

　　A. Windows 7　　　B. Unix　　　　　　C. iOS　　　　　　D. Android

9. 关于 DOS 系统，以下说法中，不正确的是_____。

　　A. 针对 PC 机环境设计，实用性好

　　B. 采用汇编语言书写，系统开销小，运行效率高

　　C. 支持窗口操作界面

　　D. 缺乏对数据库、网络通信的支持

10. DOS 操作系统是_____。

　　A. 单用户单任务系统　　　　　　　　B. 单用户多任务系统

　　C. 多用户多任务系统　　　　　　　　D. 多用户单任务系统

11. 要求在规定的时间内对外界的请求必须给予及时相应的操作系统是_____。

　　A. 多用户分时系统　　　　　　　　　B. 实时系统

　　C. 批处理系统时间　　　　　　　　　D. 网络操作系统

12. 与计算机硬件关系最密切的软件是_____。

　　A. 语言翻译程序　　　　　　　　　　B. 数据库管理程序

　　C. 游戏程序　　　　　　　　　　　　D. 操作系统

13. 下列_____不是微软公司开发的操作系统。

　　A. Windows server　　　　　　　　　B. Windows 7

　　C. Linux　　　　　　　　　　　　　　D. Vista

14. 安装 Windows 7 操作系统时，系统磁盘分区必须为_____格式才能安装。

A. FAT　　　　　　B. FAT 16　　　　　　C. FAT 32　　　　　　D. NTFS

15. 在 Windows 7 操作系统中，将打开窗口拖动到屏幕顶端，窗口会_____。

A. 关闭　　　　　B. 消失　　　　　C. 最大化　　　　　D. 最小化

16. 在 Windows 7 操作系统中，显示桌面的快捷键是_____。

A. "Win" + "D"　　　　　　　　B. "Win" + "P"

C. "Win" + "Tab"　　　　　　　D. "Alt" + "Tab"

17. 关于 Windows 7，下列说法中，不正确的是_____。

A. 支持的功能最多的是旗舰版

B. 处理器的时钟频率需要 1GHz 以上

C. 需要 4GB（32 位）或 2GB（64 位）内存

D. 需要 16GB 的空余硬盘空间，64 位至少需要 20GB

18. 下列关于 Windows 7 文件名的叙述中，错误的是_____。

A. 文件名中允许使用汉字

B. 文件名中允许使用多个圆点分隔符

C. 文件名中允许使用西文字符 "|"

D. 文件名中允许使用空格

19. 所谓文件，是指_____。

A. 存放在外存储器上的一组相关信息的集合

B. 存放在内存上的一组相关信息的集合

C. 计算机处理的程序

D. 打印纸上的一组相关文字

20. 文件的类型可以根据_____来识别。

A. 文件的大小　　　　　　　　B. 文件的用途

C. 文件的扩展名　　　　　　　D. 文件的存放位置

21. 下列文件名中，合法的是_____。

A. 作业 . b. doc　　　　　　　B. 作业 * b. doc

C. 作业 | b. doc　　　　　　　D. 作业？b. doc

22. 在 Windows 7 中，可以按多种方式排列磁盘文件，但不包括_____。

A. 类型　　　　　　B. 大小　　　　　　C. 创建日期　　　　　　D. 修改日期

23. 开始菜单右下角的 "关机" 按钮不可以做的操作是_____。

A. 切换用户　　　　　　　　　B. 重新启动

C. 睡眠　　　　　　　　　　　D. 切换到 DOS 系统

24. 下列关于 Windows 7 系统的退出操作的说法中，错误的是_____。

A. 用户可以通过关机、休眠、锁定、注销等操作，退出 Windows 7 操作系统

B. 通过 "切换用户" 命令能快速地退出当前用户，其操作程序将被终止

C. 当用户有事情需要暂时离开，但操作程序不方便停止，也不希望其他人查看自己电脑的信息时，可以使用"锁定"命令

D. "睡眠"是退出 Windows 7 操作系统的一种方法，此时电脑并没有真正的关闭，而是进入了一种低耗能状态

25. Windows 7 系统使用了许多特殊标记，具有特定的含义，表明此菜单会打开一个对话框的是_____。

A. "√"   B. "●"   C. "…"   D. "▲"

26. 不属于导航窗格的项目是_____。

A. 库   B. 收藏夹   C. 网络   D. 默认程序

27. 在 Windows 系统中，"桌面"指的是_____。

A. 整个屏幕   B. 某一个特定窗口

C. 全部窗口的集合   D. 当前打开的窗口

28. 在 Windows 7 系统中，呈灰色显示的菜单表示_____。

A. 此菜单项目当前不可用   B. 选中该菜单后将弹出对话框

C. 该菜单正在使用   D. 系统出现错误，需要修复

29. 关于对话框，下列说法中，错误的是_____。

A. 对话框是人机对话的主要手段

B. 对话框从本质上说是一种特定的子窗口

C. 模式对话框是指当该种类型的对话框打开时，主程序窗口被禁止，只有关闭对话框，才能处理主窗口

D. 非模式对话框是指当该种类型的对话框打开时，主程序窗口被禁止，只有关闭对话框，才能处理主窗口

30. 下列属于模式对话框的是_____。

A. Word 程序"查找"对话框

B. Word 程序"拼写和语法"对话框

C. "文件夹选项"对话框

D. Word 程序"剪贴板"对话框

31. 关于 Windows 中的控件，下列说法中，错误的是_____。

A. 控件是一种具有标准外观和操作方法的对象

B. 控件的种类和数量很多，构成了 Windows 操作系统本身和应用程序的主要界面

C. 控件不能单独存在，只能存在于某个窗口中

D. 控件可以接收用户的鼠标和键盘操作

32. 下列关于 Windows 7 窗口的叙述中，错误的是_____。

A. Windows 的窗口虽然内容各不相同，但外观、风格和操作方式都高度统一

B. 标题栏总是位于窗口的顶部

C. 同时打开的多个窗口可以重叠排列

D. 窗口的位置可以移动，但大小不能改变

33. 在 Windows 7 中，窗口标题栏的功能不包括_____。

A. 显示应用程序的图标、名称

B. 控制窗口的最大化、最小化、关闭等操作

C. 改变应用程的运行级别

D. 移动窗口、改变窗口大小

34. 按下"Ctrl + Alt + Del"组合键，可以完成的操作不包括_____。

A. 启动任务管理器 　　　　　　　　　 B. 修复系统漏洞

C. 切换用户 　　　　　　　　　　　　 D. 更改密码

35. 在 Windows 7 中，一个文件的属性不可以修改为_____。

A. 只读 　　　　 B. 共享 　　　　 C. 隐藏 　　　　 D. 存档

36. 新安装的 Windows 7 桌面只有_____图标。

A. 回收站 　　　 B. 计算机 　　　 C. 网络 　　　 D. 我的电脑

37. 在"个性化"窗口中，可以完成的操作不包括_____。

A. 添加桌面图标 　　　　　　　　　 B. 更改 Windows 7 桌面主题

C. 定制屏幕保护程序 　　　　　　　 D. 定制 Windows 7 的桌面小工具

38. 如果希望将桌面上的图标设置为不能随意移动位置，可以选择_____选项。

A. 大图标 　　　　　　　　　　　　 B. 小图标

C. 自动排列图标 　　　　　　　　　 D. 将图标与网格对齐

39. 关于任务栏，下列描述中，不正确的是_____。

A. 可以将其隐藏 　　　　　　　　　 B. 可以移动到屏幕的顶部

C. 可以改变其长度 　　　　　　　　 D. 可以改变其高度

40. Windows 7 系统的任务栏按钮的显示方式不包括_____。

A. 始终合并隐藏标签 　　　　　　　 B. 从不合并

C. 当任务栏被占满时合并 　　　　　 D. 自定义

41. 以下_____不属于 Windows 7 窗口的排列方式。

A. 层叠窗口 　　　　　　　　　　　 B. 堆叠显示窗口

C. 并排显示窗口 　　　　　　　　　 D. 纵向平铺窗口

42. 使用组合键_____可以切换已打开的应用程序窗口。

A. Ctrl + Tab 　　 B. Alt + Tab 　　 C. Alt + space 　　 D. Alt + O

43. 在 Windows 7 资源管理器中，如果要把 C 盘上的某个文件或文件夹移动到 D 盘上，用鼠标操作应该是_____。

A. 直接拖动 　　 B. 三击文件 　　 C. Ctrl + 拖动 　　 D. Shift + 拖动

44. 下列不属于 Windows 7 文件查看方式的是_____。

A. 大图标　　　　B. 列表　　　　　　C. 详细信息　　　　D. 缩略图

45. 下列_____操作不可以同时对多个文件或文件夹完成。

A. 复制　　　　　B. 移动　　　　　　C. 删除　　　　　　D. 重命名

46. 关于快捷方式，下列说法中，错误的是_____。

A. 快捷方式是一种无需进入安装位置即可启用程序或打开文件\文件夹的方法

B. 快捷方式可以放置在任何位置

C. 删除某程序的快捷方式表示既删除了图标，也删除了该程序

D. 使用快捷菜单"发送到"→"桌面快捷方式"命令，可以为项目创建桌面快捷方式

47. Windows 7 中，被放入回收站的文件仍然占用_____。

A. 硬盘空间　　　B. 内存空间　　　　C. CPU 空间　　　　D. U 盘空间

48. 下列关于"回收站"的说法中，错误的是_____。

A. 回收站是 Windows 中一个功能特殊的文件夹

B. 回收站是系统内存中的一块特殊区域

C. 回收站中的文件可以被"删除"和"还原"

D. 回收站中的文件只能被还原到原位置

49. 如果用户想直接删除选定的文件，而不是移到回收站，可以在选择"删除"操作时按下_____。

A. Ctrl　　　　　B. Alt　　　　　　　C. Shift　　　　　　D. Esc

50. 打开"搜索"窗口的快捷键是_____。

A. F7　　　　　　B. F3　　　　　　　C. F5　　　　　　　D. F12

51. Windows 7 的搜索功能中，可以指定的搜索信息不包括_____。

A. 创建日期　　　B. 修改日期　　　　C. 大小　　　　　　D. 文件类型

52. Windows 7 中，在文件搜索框中输入"B？DE.＊"，可以搜到_____。

A. BAD. DOCX　　B. BADE. DOCX　　C. BEED. DOCX　　D. ABD. DOCX

53. 大多数操作系统，如 DOS、Windows 等都采用_____文件夹结构。

A. 星形　　　　　B. 环形　　　　　　C. 树形　　　　　　D. 网状

54. 你的计算机正在运行着 Windows XP 系统，如果你想再安装 Windows 7 支持双系统启动，计算机至少应该有_____个卷。

A. 1　　　　　　　B. 2　　　　　　　C. 3　　　　　　　D. 4

55. 在 Windows 7 中，关于剪贴板，下列描述中，不正确的是_____。

A. 剪贴板的内容可以被不同的应用程序使用

B. 文件可以被剪切到剪贴板，也能复制到剪贴板

C. 关闭计算机后，剪贴板中的内容将消失

D. 剪贴板是硬盘中的某段区域

56. 组合键_____，可以将当前窗口作为图像被复制到剪贴板。

A. Ctrl + PrintScreen   B. Alt + PrintScreen

C. Ctrl + Shift   D. Ctrl + Space

57. 可以启动"记事本"程序的文件名称是_____。

A. word. exe   B. write. exe   C. notepad. exe   D. calc. exe

58. 可以更改光标闪烁速度的操作在控制面板的_____中进行。

A. 鼠标   B. 键盘   C. 显示   D. 设备管理

59. 下列关于打印机设置的说法中,不正确的是_____。

A. 安装打印机驱动程序时,打印机不必连在计算机

B. 如果局域网中某台计算机连接了打印机,可以将该打印机在局域网中共享

C. 在一台计算机上只能安装一台打印机的驱动程序

D. 使用打印机前必须安装打印机驱动程序

60. 当鼠标的指针变为"小手"形状时,表示_____。

A. 帮助选择   B. 链接选择   C. 精确选择   D. 手写

61. Windows 7 中控制面板的查看方式不包括_____方式。

A. 类别   B. 经典   C. 大图标   D. 小图标

62. Windows 7 中语言栏不能设置的是_____。

A. 悬浮于桌面上   B. 停靠于桌面

C. 停靠于任务栏   D. 隐藏

63. Windows 7 中,磁盘驱动器"属性"对话框"工具"标签中包括的磁盘管理
工具不包括_____。

A. 差错   B. 备份   C. 拷贝   D. 碎片整理

64. 关于磁盘的高级格式化,下列说法中,不正确的是_____。

A. 磁盘格式化时,可以对磁盘的容量、文件系统、分配单元大小等选项设置

B. 从未格式化过的磁盘也可以直接使用

C. 快速格式化只清除磁盘中的所有数据

D. 完全格式化不但清除磁盘中的数据,还对磁盘扫描检查

65. "快速格式化"磁盘时,对被格式化磁盘的要求是_____。

A. 没有坏磁道的磁盘   B. 没有感染病毒的磁盘

C. 从未格式化的磁盘   D. 曾格式化过的磁盘

66. 大多数非绿色软件为了方便用户的安装,会专门编写一个安装程序,通常安
装程序名为_____。

A. SO. SYS   B. SETUP. EXE   C. UTEC. EXE   D. MSDOS. SYS

67. Windows 7 提供的电源计划不包括_____。

A. 高性能   B. 节能   C. 平衡   D. 自定义

68. 当窗口处于最大化状态时,双击窗口标题栏,相当于单击_____。

A. 最小化   B. 关闭按钮   C. 控制按钮   D. 还原按钮

69. 关于桌面快捷方式的叙述，下面说法中，正确的是_____。

A. 在桌面上不能为同一个应用程序创建多个快捷方式

B. 在桌面上创建快捷方式就是将相应文件移动到桌面上

C. 可以建立对应于磁盘驱动器的快捷方式

D. 当对快捷方式图标改名后再双击该快捷方式图标，会找不到相应的文件

70. Windows 7 系统中，写字板可以保存的文件类型不包括_____。

A. RTF 文档（＊.rtf）　　　　　　B. 文本文档（＊.txt）

C. 位图文件（＊.bmp）　　　　　　D. Unicode 文本文档

71. Windows 7 自带的"截图工具"中，不支持_____的截图方式。

A. 全屏幕　　　　B. 窗口　　　　C. 矩形　　　　D. 三维

72. 任务栏最右端的按钮单击时的作用是_____。

A. 打开计算机　　　　　　　　　　B. 切换当前窗口

C. 显示桌面　　　　　　　　　　　D. 打开快捷菜单

73. 下列关于 Windows 7 中的防火墙的叙述中，不正确的是_____。

A. Windows 7 自带的防火墙具有双向管理的功能

B. 用户可以在"管理工具"中的"高级安全 Windows 防火墙"中进行设置和管理

C. 为保障系统安全，不允许用户修改入站规则

D. 可进行还原默认策略、诊断/修复等操作

74. Windows 7 的"本地安全策略"不包括_____。

A. 账户策略　　　B. 公钥策略　　　C. 密码策略　　　D. IP 安全策略

75. 关于文件的备份和还原，下列说法中，不正确的是_____。

A. 文件的备份和还原可以修复意外删除的文件

B. 文件的备份和还原可以修复因病毒感染损坏的文件

C. 备份文件最好不要放在系统盘上，以免系统损坏造成文件丢失

D. 备份操作可以针对某一个硬盘或文件夹，但不支持对库的备份

76. 关于磁盘的碎片整理，下列说法中，不正确的是_____。

A. 频繁地安装、卸载程序和删除文件，会在系统中产生磁盘碎片

B. 磁盘碎片的存在只是占用磁盘空间，不会对系统的运行速度和性能产生影响

C. 可以先作磁盘分析，根据磁盘碎片比例确定是否需要进行磁盘碎片整理

D. 上网浏览信息时生成的临时文件或临时文件目录的设置也会在系统中形成碎片

77. 用户自建账户"student"默认情况属于_____。

A. Administrator 账户　　　　　　B. Guest 账户

C. 一般用户账户　　　　　　　　　D. 标准用户账户

78. 操作系统的功能包括_____。

A. 处理机管理、存储管理、设备管理、文件管理、作业管理

B. 处理机管理、程序管理、系统管理、文件管理、网络管理

C. 处理机管理、程序管理、系统管理、设备管理、文件管理

D. 运算器管理、控制器管理、存储器管理、程序管理、文件管理

79. 若不能正常启动 Windows 系统，可以在系统启动时选择_____模式来自动修正错误。

A. 系统　　　　　　B. 网络　　　　　　C. 安全　　　　　　D. 管理员

80. 不属于"家长控制"功能的选项是_____。

A. 限制游戏　　　　B. 限制上网　　　　C. 限制程序　　　　D. 限制时间

二、判断题

1. DOS 是一个单用户单任务、普及型的微机操作系统，曾经风靡了整个 20 世纪 80 年代。（　）

2. 出于对软件版权的保护，Windows 7 系统目前只支持传统的光盘安装方式。（　）

3. 操作系统的主要任务是对系统中的硬件、软件实施有效的管理，以提高系统资源的利用率。（　）

4. 操作系统的共享性是指操作系统中的资源（包括硬件资源和软件资源）可被多个并发执行的进程所使用。（　）

5. "√"标记表示该菜单为单选菜单，即在所列出的菜单组中，同一时刻只能有一项被选中。（　）

6. "记事本"是一个文本文件编辑器，其文件扩展名为 .txt，用户可以使用它编辑简单的文档或创建 Web 页。（　）

7. Windows 7 自带的"计算器"程序只能进行十进制运算。（　）

8. Windows 7 系统中，账户类型一经设置无法再修改。（　）

9. 如果要使用 Window 7 系统的家长控制功能，需要禁用系统内置的 Guest 账户。（　）

10. 默认情况下，Windows 7 操作系统内置的 Administrator 账户和 Guest 账户均处于禁用状态。（　）

三、填空题

1. _____是一种基于 Linux 的自由及开放源代码的操作系统，主要用于移动设备，如智能手机和平板电脑。

2. _____和_____是操作系统的两个最基本的特征，又互为对方存在的条件。

3. 通过高速互联网络将许多台计算机连接起来形成一个统一的计算机系统，可以获得极高的运算能力及广泛的数据共享，这种系统具有统一性、共享性、透明性和自治性等特征，称为_____。

4. _____是指仅安装了操作系统，没有安装其他软件的计算机。

5. Windows 7 系统提供了 4 个默认库，分别是图片、音乐、_____和_____。

6. 在 Windows 7 操作系统中，导航窗格一般包括_____、_____、计算机和网络四部分。

7. 在 Windows 7 中可以使用_____组合键，选择"启动任务管理器"结束无响应的应用程序。

8. _____程序是 Windows 7 系统自带的图像处理工具，用户可以使用它绘制黑白或彩色的图形，查看和编辑扫描的照片。

9. 目前 Windows 7 操作系统有_____个版本。

10. Windows 7 中有三种不同类型的账户，即_____、_____和标准用户账户。

四、操作题

下载"实验素材 \ 第 2 章 \ 综合练习"，完成以下题目：

1. 在 SD 文件夹内新建一名为 JN 的文件夹。

2. 将 US 文件夹及其内部全部内容复制到 BJ 文件夹。

3. 将文件 tem. dbf 改名为 pal. txt，并移动到 JP 文件夹。

4. 将 BJ 文件夹下的文件 TAM. bmp 删除。

5. 将文件 abc. docx 的属性修改为只读。

6. 将 TH 文件夹删除。

第 3 章　文字处理软件 Word 2010

实验一　Word 2010 文档的基本操作

一、实验目的及实验任务

（一）实验目标

1. 熟悉 Word 2010 的软件环境，掌握 Word 文档的创建、打开、关闭与保存。

2. 掌握 Word 文档文本内容的录入、选择、移动、复制、删除等基本操作。

3. 掌握 Word 文本内容的查找与替换。

4. 掌握 Word 中操作的撤销与恢复功能、自动更正功能的使用。

5. 掌握 Word 中拼写和语法检查功能的使用。

（二）实验任务

根据提供的实验素材，练习 Word 文档的基本操作。

二、实验素材

"实验素材 \ 第 3 章 \ 实验一 \ 文本素材 . docx"。

三、实验操作过程

（一）启动 Microsoft Word 2010

方法 1：双击桌面上的快捷方式"Microsoft Office Word 2010"。

方法 2：单击"开始"→"程序"→"Microsoft Office 2010"→"Microsoft Office Word 2010"。

打开 Word 2010 文件的窗口，默认的文件名为"文档 1"。

（二）打开文档

1. 执行"文件"选项卡→"打开"命令，或者单击快速访问工具栏上的"打开"按钮，或者使用 Ctrl + O 组合键，弹出"打开"对话框。

2. 在对话框中找到"实验素材 \ 第 3 章 \ 实验一 \ 文本素材 . docx"文件的保存位置，选中文件，单击"打开"按钮。

（三）选择、复制文本

使用 Ctrl + A 组合键，选中整篇文档，执行"开始"→"复制"命令（或使用快捷键 Ctrl + C）。

（四）新建文档

执行"文件"→"新建"命令，选择右侧窗口"可用模板"下的"空白文档"，然后单击右下方的"创建"按钮，建立一个新文档。

（五）粘贴文本

在新文档中执行"开始"→"粘贴"命令（或使用快捷键 Ctrl + V），将第 3 步复制的文本粘贴到新文档中。

（六）保存文档

1. 执行"文件"→"保存"命令（或使用快捷键 Ctrl + S），或者单击快速访问工具栏上的"保存"按钮，弹出"另存为"对话框。

2. 单击对话框左侧的"桌面"按钮，在"文件名"后的文本框内输入"超级计算机"，单击"保存"按钮。

（七）关闭文档

执行"文件"→"关闭"，关闭当前文档。

（八）拼写和语法检查

1. 新建文档，输入"I is a student. 大名顶顶"，就会出现绿色波浪线和红色波浪线。绿色波浪线表示此处可能有语法错误，红色波浪线表示此处可能有拼写错误，如图 3 - 1 所示。

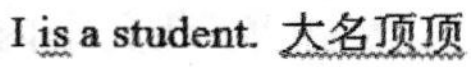

I is a student. 大名顶顶

图 3 - 1　拼写与语法检查

2. 在绿色波浪线处右击，选择快捷菜单里的"am"，即可按照系统的修改建议进行修改，如图 3 - 2 所示。

3. 在红色波浪线处右击，选择快捷菜单里的"大名鼎鼎"，即可按照系统的修改建议进行修改，如图 3 - 3 所示。

4. 如果想保持当前输入，但不希望系统提醒错误，可以选择快捷菜单里的"忽略一次"，系统将跳过此次检查，波浪线就不再显示。

5. 如果没有出现波浪线，需要开启拼写和语法检查功能。执行"文件"→"选项"命令，在"Word 选项"对话框中单击"校对"项，可以进行拼写和语法检查选项的设置。选中"键入时检查拼写"和"键入时标记语法错误"，单击"确定"按钮即可。

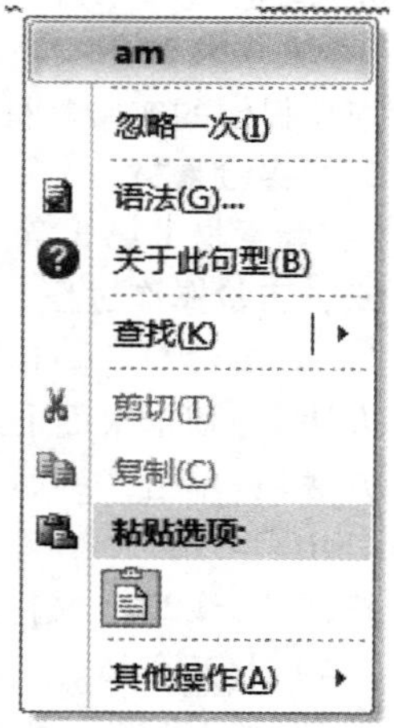

（九）查找与替换

1. 打开第六步中保存在桌面的"超级计算机.docx"文件。

图 3 - 2　语法错误修改建议

2. 单击"开始"选项卡"编辑"组中的"查找"按钮，在 Word 2010 窗口左侧出现导航窗格，在文本框中输入"超级计算机"，进行搜索，如图 3 - 4 所示，搜索到的内容会以黄色底纹突出显示。

3. 单击"编辑"组中的"替换"按钮，弹出"查找和替换"对话框，在"替换为"框中输入"super computer"，单击"查找下一处"按钮，光标将定位在文档中的第一个"超级计算机"处并以高亮度显示。如果要替换目标，则单击"替换"按

图3-3 拼写错误修改建议

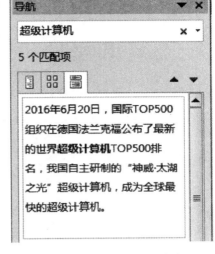

图3-4 "查找"导航窗格

钮，系统完成替换，并继续自动查找下一个。如果不想替换这个目标，则单击"查找下一处"按钮。

4. 如果确定要将文档中的目标全部替换，可直接单击"全部替换"按钮，全部替换完成后，Word 2010 会提示完成了多少处替换。

在"查找和替换"对话框中单击"更多"按钮，可以展开对话框，对查找或替换的内容进行格式或特殊设置，实现高级的查找与替换。

（十）自动更正

录入文本过程中难免会输入一些错误单词或成语，Word 2010 提供了强大的自动更正功能，可以自动改正用户键入文本时的错误。

1. 在当前文档的空白处输入"teh"，你会发现，输入完毕后，系统自动改成了"the"，当输入"不齿下问"时，系统自动改成了"不耻下问"，这就是使用了自动更正功能。

2. 除了可以使用 Word 2010 保存的自动更正词条，用户还可以创建自己的自动更正词条。单击"文件"选项卡中的"选项"命令，然后在"Word 选项"对话框中选择"校对"选项卡，如图3-5所示；单击"自动更正选项"按钮，打开如图3-6所示的"自动更正"对话框。在"自动更正"选项卡的"替换"文本框中输入"中国"，在"替换为"文本框中输入"中华人民共和国"，单击"添加"按钮，再单击"确定"按钮，退出并返回当前文档。在当前文档中输入"中国"时，系统就会自动替换为"中华人民共和国"。

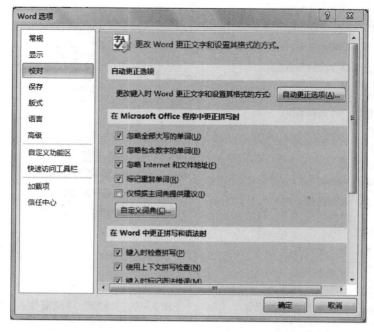

图 3-5 "校对"选项卡

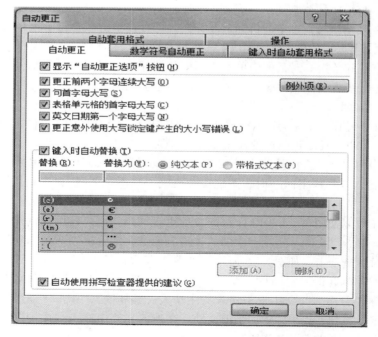

图 3-6 "自动更正"对话框

四、实验分析及知识拓展

本实验主要让学生掌握 Word 文档的基本编辑方法，包括文档的建立、保存和打开，文本的查找替换等。

Word 2010 提供了自动保存功能，默认的保存自动恢复信息时间间隔为 10 分钟，即便用户没有进行保存文档的操作，系统也会每隔 10 分钟自动保存文档。如果觉得默认的时间间隔过长，用户可以单击"文件"选项卡中的"选项"命令，然后在"Word 选项"对话框中选择"保存"选项卡中进行调整。

实验二　文档格式化与排版

一、实验目的及实验任务

（一）实验目标

1. 掌握字符、段落、项目符号和编号的设置操作。

2. 了解分页、分节和分栏的操作。

3. 掌握样式、页眉、页脚和页码、版面和底纹的设置操作。

（二）实验任务

根据提供的实验素材，练习 Word 文档格式化与排版的操作。

二、实验素材

"实验素材 \ 第 3 章 \ 实验二 \ 青春 . docx"。

三、实验操作过程

打开实验素材中的"青春"，按要求操作，结果以原文件名保存。

（一）字符格式的设置

1. 要求：设置标题为华文楷体、一号，文本效果为第 3 行第 2 列的效果，居中显示；设置作者为华文楷体、四号、加粗显示、双下划线，居中显示；把第一段落设置为首字下沉 2 行。

2. 操作过程：

（1）选中标题文本"青春"，单击功能区的"开始"选项卡，在"字体"组中选择"字体"和"字号"按钮，设置标题为华文楷体、一号。再选择"文本效果"按钮，在下拉菜单中选择第 3 行第 2 列的效果，当鼠标指向该效果时，会在鼠标箭头下显示该效果的名称"填充—橙色，强调文字颜色 6，渐变轮廓—强调文字颜色 6"，如图 3 - 7 所示。

图 3 - 7　"文字效果"列表

（2）选中作者，单击"开始"选项卡"字体"组右下角的按钮，打开如图3-8所示的"字体"对话框，设置作者为华文楷体、四号、加粗显示、双下划线。

（3）把光标定位在第一段落，单击"插入"选项卡"文本"组中的"首字下沉"的下拉按钮，设置文本"下沉"，下沉行数为2行。结果如图3-9所示。

图3-8　"字体"对话框

塞缪尔-厄尔曼

人生匆匆，青春不是易逝的一段。青春是一种永恒的心态。满脸红光，嘴唇红润，腿脚灵活，这并不是青春的全部。真正的青春啊，它是一种坚强的意志，是一种想象力的高品位，是感情的充沛饱满，是生命之泉的清澈常新。
青春意味着勇敢战胜怯懦，青春意味着进取战胜安逸。年月的轮回就一定导致衰老吗？要知道呵，老态龙钟是因为放弃了对理想的追求。

图3-9　字符格式设置效果图

（二）段落格式的设置

1. 要求：将文中所有段落的段前间距设置为 0.5 行，首行缩进 2 个字符。

2. 操作过程：选中除标题外的所有文本，单击"开始"选项卡"段落"组右下角的按钮，打开如图 3-10 所示的"段落"对话框，在"缩进和间距"选项卡中，"特殊格式"选择"首行缩进"，"磅值"选择"2 字符"，"段前"和"段后"分别设置为 0.5 行和 0.5 行。

（三）项目符号的设置

1. 要求：给第二段和第三段添加项目符号"◆"，字体为红色、14 号。

2. 操作过程：选中第二段和第三段，单击"开始"选项卡"段落"组中"项目符号"的下拉按钮，弹出"项目符号库"快捷菜单，选择符号"◆"，然后选择"定义新项目符号"选项，在弹出的对话框中单击"字体"，在打开的"字体"对话框（如图 3-11 所示）中，设置字号为 14，字体颜色为红色。

（四）分栏与边框和底纹的设置

1. 要求：将文中第四段分为两栏，栏宽相等，有分割线；给第二段添加"紫色，强调文字颜色 4，深色 25%，0.5 磅"的阴影边框；给文章第三段添加"紫色，强调文字颜色 4，深色 25%"填充色和"样式 20%、自动颜色"的底纹。

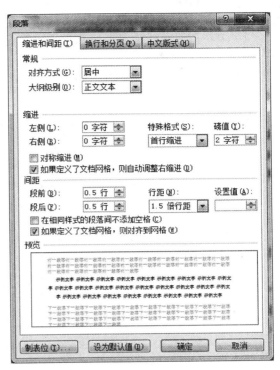

图 3-10 段落格式设置对话框

图 3-11 项目符号设置对话框

2. 操作过程:

（1）在第四段文档选定栏处双击选中第四段文本，单击"页面布局"选项卡"页面设置"组中"分栏"的下拉按钮，单击"更多分栏"命令，打开"分栏"对话框，如图3-12所示。选中"两栏""分割线""栏宽相等"后，单击"确定"按钮。

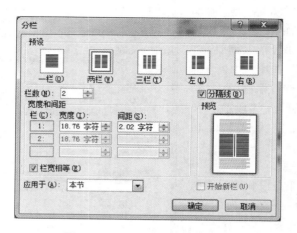

图3-12 "分栏"设置对话框

（2）选定第二段，单击"开始"选项卡"段落"组中"边框和底纹"的下拉按钮，再单击"边框和底纹"，将弹出如图3-13所示的"边框和底纹"对话框，按要求设置边框。以同样方法给第三段添加底纹。

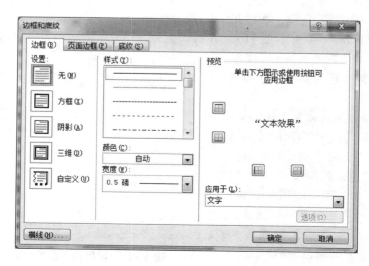

图3-13 "边框和底纹"对话框

（五）页面设置

1. 要求：设置纸张大小为"A4"；页边距上下边距为2.5厘米，左右页边距为2厘米；纸张方向为"纵向"。

2. 操作过程：点击"页面布局"选项卡"页面设置"组右下角按钮，打开"页面设置"对话框，在"纸张"选项卡的"纸张大小"下拉列表框中，选择"A4"；在"页边距"选项卡中，将上、下边距分别设置为2.5厘米，左、右页面边距分别设置为2厘米，纸张方向选择"纵向"，单击"确定"按钮。

（六）页眉和页脚的设置

1. 要求：在文档中插入页眉，内容为"Word页眉练习"；在页脚中插入日期，并给文档设置文本水印，内容为"青春"，文字颜色为红色、半透明。

2. 操作过程：

（1）在"插入"选项卡的"页眉和页脚"组中单击"页眉"，选择"编辑页眉"，进入页眉和页脚编辑状态。这时功能区出现"页眉和页脚工具/设计"选项卡，如图3-14所示，与页眉和页脚设置有关的工具都在此选项卡下，可以选择使用。在页眉中输入"Word页眉练习"后，点击"导航"组中的"转至页脚"按钮切换到页脚，然后单击"插入"组中的"日期和时间"按钮，弹出"日期和时间"对话框，在"可用格式"中选择一项即可。设置完成，单击"页眉和页脚工具/设计"选项卡右侧的"关闭页眉和页脚"按钮。

图3-14 "页眉和页脚工具/设计"选项卡

（2）在"页面布局"选项卡"页面背景"组中，单击"水印"工具按钮，选择"自定义水印"命令，弹出"水印"对话框，选择"文字水印"文字内容为"青春"，颜色为红色，选中"半透明"选项，如图3-15所示。

四、实验分析及知识拓展

本实验主要让学生掌握Word文档格式化与排版的常用操作，在掌握常用操作的基础上，同时掌握首字下沉、分栏与边框、页面设置、页眉和页脚等操作。

图3-15 "水印"设置对话框

五、拓展作业

（一）拓展作业所需素材

"实验素材 \ 第3章 \ 拓展作业一 \ 太极的魅力.docx"。

（二）拓展作业任务

打开实验素材"太极的魅力.docx"，并进行如下操作：

1. 设置标题"太极的魅力"为黑体，小一号，蓝色；设置为阴影并居中，设置字符间距加宽3磅。

2. 将所有的正文字体设为宋体，字号为四号，颜色为黑色，行距为1.5倍。

3. 将正文所有段落设置为左对齐，首行缩进2个字符。

4. 为第一段加段落边框，设置为"阴影"，颜色为红色，线型为双线，宽度为0.75磅。

5. 为第四段加段落底纹，设置"填充"为"橙色"，图案样式为"15%"，颜色自动。

6. 利用格式刷将最后一段的文字设置为第四段的格式。

实验三 表格制作

一、实验目的及实验任务

（一）实验目标

1. 掌握创建、编辑、格式化表格的方法。

2. 熟练使用Word表格的计算功能。

3. 掌握表格的排版技巧。

（二）实验任务

制作"研究生入学信息表"和"工资表"。

二、实验操作过程

（一）绘制一个13行7列的表格

1. 单击"插入"选项卡，在"表格"组中单击"表格"按钮，从其下拉菜单中选择"插入表格"命令，如图3-16所示，弹出对话框，如图3-17所示。

2. 在对话框中设置列数为7，行数为13，单击"确定"按钮即出现一个13行7列的表格。

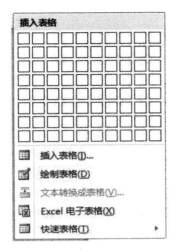

图 3 – 16　"插入表格"下拉菜单　　　　图 3 – 17　"插入表格"对话框

（二）在表格中输入内容

1. 将光标定位在表格的第一个单元格中，按"Enter"键，从而在表格前面插入一个空行，输入"研究生入学信息表"，设置为居中对齐。

2. 依次在单元格中输入相应的内容，并协调内容在表格中的位置，将表格中内容设置为"单元格对齐方式"中的"水平居中"，效果见表 3 – 1。

表 3 – 1　研究生入学信息表

姓名		性别		出生年月		照片
民族		政治面貌		籍贯		
报考专业		毕业学校				
入学考试成绩						
外语	政治	专业课一	专业课二	总分	百分比	复试
个人履历						
时间		单位		学习经历		
联系方式						
通讯地址		联系电话				
本人简历						

（三）格式化表格

1. 根据表3-2所示，在表3-1中选定相应的单元格，切换到"表格工具/布局"选项卡，单击"合并"组中的"合并单元格"按钮或"拆分单元格"按钮，将选定的单元格进行合并或拆分。

表3-2 研究生入学信息表

姓名		性别		出生年月		照片
民族		政治面貌		籍贯		
报考专业		毕业学校				
入学考试成绩						
外语	政治	专业课一	专业课二	总分	百分比	复试
个人履历						
时间		单位		学习经历		
联系方式						
通讯地址		联系电话				
本人简历						

2. 把插入点定位在"本人简历"单元格所在的行的后面，按"Enter"键，表格会在最下面插入一行。

（四）设置表格与单元格的边框和底纹

1. 将插入点定位于表格中，切换到"表格工具/设计"选项卡，在"表格样式"组中，可以通过"边框"按钮设置表格边框，通过"底纹"按钮设置表格底纹。单击"边框"按钮，选择"边框和底纹"命令，弹出"边框和底纹"对话框，如图3-18所示，可以设置表格的边框和底纹。选定表格后，单击鼠标右键，选择"边框和底纹"命令，也将弹出"边框和底纹"对话框。

图 3 - 18　"边框和底纹"对话框

2. 在"边框"选项卡的"设置"区中选择"虚框","样式"中选择"双实线","颜色"中选择"自动","宽度"选择"0.75磅",在"应用于"下拉列表框中选择"表格",在右侧"预览"区可以对所做的设置进行预览,单击"确定"即可。

3. 在表格中选取需要添加底纹的单元格,在如图 3 - 18 所示对话框中选择"底纹"选项卡,然后在"填充"下拉列表框中选择"白色,背景1,深色25%",单击"确定"按钮,即为"研究生入学信息表"表格中所选单元格设置了底纹。

(五)对表格设置适当的行高或列宽

1. 选中要改变高度的行,如最后一行。

2. 切换到"表格工具/布局"选项卡,在"表"工具组中单击"属性"按钮,或者单击鼠标右键,从弹出的快捷菜单中选择"表格属性"命令,均可打开"表格属性"对话框。在"行"选项卡中选中"指定高度"复选框,并在后面的组合框中输入适当的行高值"4厘米",如图 3 - 19 所示,单击"确定"按钮。

3. 对其他单元格可以用同样的方法改变其行高,最终效果图见表 3 - 3。

图 3－19　"表格属性"对话框

表 3－3　研究生入学信息表

姓名		性别		出生年月		照片
民族		政治面貌		籍贯		
报考专业		毕业学校				

入学考试成绩						
外语	政治	专业课一	专业课二	总分	百分比	复试

个人履历		
时间	单位	学习经历

联系方式	
通讯地址		联系电话	

本人简历

（六）绘制斜线表头和设置跨页表格的标题

建立一个如表 3 - 4 所示的 5 行 6 列的考研成绩表。

1. 将插入点定位在要绘制斜线表头的单元格内，切换到"表格工具/设计"选项卡，在"表格样式"组中单击"边框"右侧的下拉按钮，选择"斜下框线"，即可完成斜线表头的绘制。

2. 斜线表头绘制好后，接下来就是文字的添加。在第一行输入"科目"，设置为右对齐，回车后在第二行输入"姓名"，设置为左对齐，这样就完成了表头文字的添加。依次添加表中其他内容。

表 3 - 4　考研成绩表

姓名 ＼ 科目	外语	政治	专业课一	专业课二	总分
王美玲					
刘明亮					
张天意					
王强					

3. 如果表格跨页，则要设置跨页表格的标题。将鼠标指针定位在设置好的标题行中（或选定标题行后），切换到"表格工具/布局"选项卡，在"数据"组中单击"重复标题行"按钮，则表格其他所有页的首行都自动添加了与第一页相同的标题行。

（七）使用 Word 表格的计算功能

1. 单击要计算结果的单元格 F2，计算出王美玲的总分。

2. 切换到"表格工具/布局"选项卡，在"数据"组中单击"公式"按钮，打开如图 3 - 20 所示的对话框。

3. 在"公式"文本框中输入" = SUM（LEFT）"或" = B2 + C2 + D2 + E2"或" = SUM（B2：E2）"，也可以在"粘贴函数"下拉列表框中选择"SUM"函数，快速将其粘贴到"公式"文本框中。在"编号格式"组合框中，选择公式计算结果在表格中的格式。

图 3 - 20　"公式"对话框

4. 单击"确定"按钮，即可得出 F2 单元格的值。用同样的方法可以计算出其余学生的总分，最终结果见表 3 - 5。

表 3 – 5　考研成绩表

科目\n姓名	外语	政治	专业课一	专业课二	总分
王美玲	65	70	89	135	359
刘明亮	75	65	99	142	381
张天意	59	65	88	120	332
王强	68	72	75	125	340

注意：当表格中的数据源发生变化时，计算得出的结果并不会立即改变，需要用户右键单击需要更新的数据，在弹出的快捷菜单中选择"更新域"命令，数据才会被更新。

三、实验分析及知识拓展

本实验主要让学生掌握 Word 中表格的基本操作，包括单元格和合并与拆分、行高和列宽的调整、边框和底纹的设置、斜线表头及公式的使用等。

四、拓展作业

打开"实验素材 \ 第 3 章 \ 拓展作业二 \ 奖学金汇总表 . docx"，根据样表重新创建表格并计算出总计值。

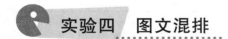

实验四　图文混排

一、实验目的及实验任务

（一）实验目标

1. 掌握艺术字的编辑、图片的插入、图文混排、文字替换等的操作方法。

2. 熟练使用在文档中插入图形与图像的方法。

3. 掌握嵌入式图片和浮动式图片的区别。

4. 掌握图形与文字环绕的设置方法。

5. 掌握插入对象和中文版式的使用方法。

（二）实验任务

根据提供的实验素材，练习 Word 图文混排操作。

二、实验素材

"实验素材 \ 第 3 章 \ 实验四 \ 成功的钥匙 . docx"。

三、实验操作过程

打开实验素材中的"成功的钥匙 . docx"。

（一）插入艺术字

1. 选定文档的标题行文字"成功的钥匙"，单击"插入"选项卡"文本"组中的"艺术字"按钮，弹出如图 3 – 21 所示的下拉菜单，选择艺术字样式"填充 – 橙色，强调文字颜色 6，渐变轮廓"。选择艺术字标题，单击"绘图工具/格式"选项卡中单击"排列"组中的"位置"，在下拉菜单中选择"其他布局"，在"布局"对话框中选择"文本环绕"选项卡，选择"嵌入型"环绕方式，如图3－22所示。

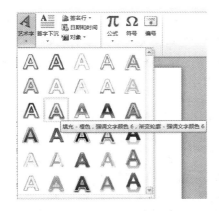

图3－21 "艺术字"下拉菜单   图3－22 "布局"对话框

2. 右击插入的艺术字的边框，在快捷菜单选择"其他布局选项"命令，在"文字环绕"选项卡中选择"上下型"环绕方式，在"位置"选项卡中选择"水平"对齐方式为"居中"，单击"确定"按钮。

（二）插入剪贴画

1. 将插入点定位于第二段末尾，单击"插入"选项卡，在"插图"组中单击"剪贴画"按钮，窗口右侧任务窗格变成"剪贴画"窗格。

2. 在"剪贴画"窗格的"搜索文字"文本框内输入"植物"并单击搜索按钮，"剪贴画"窗格中将显示搜索到的全部剪贴画，单击图片将其插入文档。

3. 单击插入文档的图片，图片四周出现八个实心的小方块，用鼠标拖动这些小方块，可以调节图片的大小。

4. 单击"图片工具/格式"选项卡"排列"组中的"自动换行"按钮，打开下拉菜单，如图3－25所示，设置剪贴画与文字的环绕方式为"四周型环绕"。拖动图片到合适的位置，使文字包围图片四周。

（三）插入图片文件

1. 将插入点定位于最后一段末尾，单击"插入"选项卡"插图"组中的"图片"按钮，弹出"插入图片"对话框，在实验素材中找到图片"成功的钥匙"，单击"插入"按钮。

2. 右击图片，从弹出的快捷菜单中选择"大小和位置"命令，打开"布局"对话框，切换至"文字环绕"选项卡，如图3－22所示，选择"穿越型"环绕方式，单击"确定"按钮。设置合适大小后，拖动图片到合适位置。

（四）图片水印处理

在"页面布局"选项卡的"页面背景"组中，单击"水印"按钮，选择"自定义水印"命令，弹出"水印"对话框，选择"图片水印"，在对话框中选择图片文件"阳光"，取消"冲蚀"选项。

（五）插入文本框

将插入点定位在第一段的前面，单击"插入"选项卡"文本"组中的"文本框"按钮弹出下拉列表，选择"奥斯丁重要引言"，然后输入"真正的青春啊，它是一种坚强的意志，是一种想象力的高品位，是感情的充沛饱满，是生命之泉的清澈常新"。然后在"开始"选项卡"字体"组中设置字体为"隶书""小四"。

（六）绘制图形

1. 将插入点定位在文档最后，在"插入"选项卡的"插图"组中，单击"形状"按钮，打开下拉菜单，选择"星与旗帜"→"横卷形"，此时，鼠标指针变成"+"形，按住鼠标左键拖动到合适的大小即可。

2. 在"绘图工具/格式"选项卡的"形状样式"组中，设置形状填充为"橙色"，形状轮廓为"红色"，形状效果为"发光"→"红色，11pt 发光，强调文字颜色 2"。

3. 右击图形，从快捷菜单中选择"添加文字"命令，输入文字"成功的钥匙"，将文本设置为"华文行楷，36 磅，红色"。

四、实验分析及知识拓展

本实验主要让学生掌握在 Word 中插入图片、图片处理、图文混排，及插入文本框和绘制图形的基本操作。

五、拓展作业

（一）拓展作业所需素材

"实验素材\ 第 3 章\ 拓展作业三\ 结构化面试流程图 . docx"。

（二）拓展作业任务

打开实验素材"结构化面试流程图 . docx"，了解实验任务，然后根据提供的实验素材样本绘制流程图。

（三）操作提示

1. 利用"插入"选项卡"插图"组中"形状"下面的流程图图形绘制流程图。

2. 设置形状轮廓颜色"红色"，线条颜色"橙色、强调文字颜色 6"，粗细"1.5 磅"。

3. 轮廓的线型根据要求，可选择"短划线类型"或"方点类型"。

4. 完成后，将图形组合成一个图形对象。

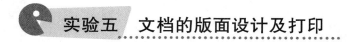

实验五　文档的版面设计及打印

一、实验目的及实验任务

（一）实验目标

1. 掌握页面设置、人工分页和分节的方法。

2. 掌握插入页码的方法。

3. 掌握为奇偶页设置不同页眉、页脚的方法。

4. 掌握文件打印的基本操作。

（二）实验任务

根据提供的实验素材，练习 Word 版面设计及打印操作。

二、实验素材

"实验素材 \ 第 3 章 \ 实验五 \ 成功的钥匙二 . docx"。

三、实验操作过程

打开实验素材中的"成功的钥匙二 . docx"。

（一）页面设置

单击"页面布局"选项卡"页面设置"组右下角的按钮，打开"页面设置"对话框，如图 3 – 23 所示，在"纸张"选项卡的"纸张大小"下拉列表框中选择"A4"；在"页边距"选项卡中，将上、下边距分别设置为 2.5 厘米，左、右页面边距分别设置为 3 厘米，纸张方向选择"纵向"，单击"确定"按钮。

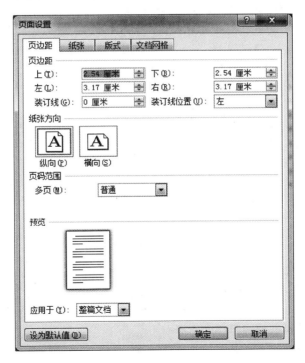

图 3 – 23 "页面设置"对话框

（二）人工分页

将插入点定位在"梦想与坚定的信念是成功的钥匙"开始的段前，单击"页面布局"选项卡"页面设置"组中"分隔符"按钮右侧的下拉按钮,在快捷菜单中选择"分页符"命令,就可以在当前插入点的位置开始新的一页。

单击"插入"选项卡"页"组中的"分页"按钮,可以在当前位置开始新的一页。通过 Ctrl + Enter 快捷键也可以快速开始新的一页。

（三）分节

将鼠标插入点定位在"努力是成功的钥匙"开始的段前,单击"页面布局"选项卡"页面设置"组中"分隔符"按钮,从快捷菜单中选择需要的分节符类型"下一页",如图 3 - 24 所示。

（四）插入页码

在"插入"选项卡"页眉和页脚"组中单击"页码",选择"页面底端"→"简单"→"普通数字 1",如图 3 - 25 所示,进入页眉和页脚编辑状态。此时,功能区出现"页眉和页脚工具/设计"选项卡,如图 3 - 14 所示。在"位置"组中选择"插入对齐方式"选项卡,打开"对齐制表位"对话框,对齐方式选择"居中",如图 3 - 26 所示。

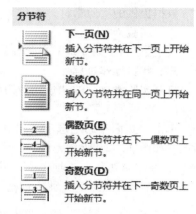

图 3 - 24　分节符分类

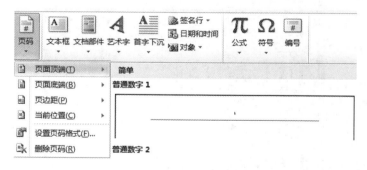

图 3 - 25　"页码"下拉列表

（五）设置页眉/页脚

1. 在"插入"选项卡的"页眉和页脚"组中单击"页眉",选择"编辑页眉",进入页眉和页脚编辑状态。在出现的"页眉和页脚工具/设计"选项卡中勾选"首页不同""奇偶页不同",在"位置"组中设置"页眉顶端距离"为 1 厘米,"页脚底端距离"为 1 厘米。

2. 在"首页页眉"编辑处,设置

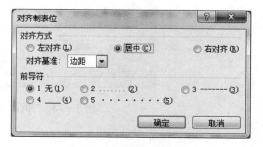

图 3 - 26　"对齐制表位"对话框

无页眉；移动光标到第二页，在"偶数页页眉"处输入"成功的钥匙"，移动鼠标到第三页，在"奇数页页眉"处输入"人生的历程"。这样，文档中就出现了首页页眉、偶数页页眉和奇数页页眉。

（六）打印

1. 文档设置完成后，单击"文件"选项卡中的"打印"命令，进入预览和打印窗口，如图 3 – 27 所示。

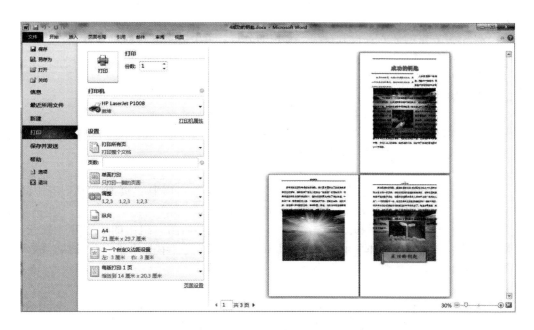

图 3 – 27　预览和打印机窗口

2. 在"打印机"选项下，选择要使用的打印机型号。

3. 在"设置"选项下有很多设置项，可以设置打印页码范围等。如果对预览结果不满意，还可以在界面下方单击"页面设置"命令，打开"页面设置"对话框，对页边距、纸张方向等重新进行设置。

四、实验分析及知识拓展

本实验主要让学生掌握 Word 中文档的页面设置方法，以及分节、分页、插入页码、设置不同的页眉/页脚、打印预览和打印输出的操作。

在 Word 文档中，若需要在不同节中设置不同的页眉或页脚，需要单击"页眉和页脚工具/设计"选项卡中"导航"组的"链接到前一条页眉"按钮，断开与上一节页眉或页脚的联系。

实验六　Word 2010 综合实验

一、实验目的及实验任务

（一）实验目标

1. 掌握 Word 文档处理知识的综合运用，包括插入艺术字、图片、文本框的基本方法。

2. 掌握表格的插入及设置技巧，文档的分页、分节方法和页面设置等。

（二）实验任务

根据提供的实验素材，制作求职简历。

二、实验素材

"实验素材 \ 第 3 章 \ 实验六"。

三、实验操作过程

打开实验素材中的"自荐信 . docx"。

（一）插入图片和文本框

1. 将光标定位在标题的左侧，单击"页面布局"选项卡"页面设置"组中的"分隔符"按钮，从菜单中选择需要的分节符类型"下一页"。

2. 将光标定位在第一页，单击"插入"选项卡"插图"组中的"图片"按钮，弹出"插入图片"对话框，找到图片"logo"和"校名"，单击"插入"按钮，插入图片。调整其文字环绕方式、大小和位置，平行放置。

（二）插入艺术字

将插入点定位在图片下面的适当位置，单击"插入"选项卡"文本"组中的"艺术字"命令，弹出下拉菜单，选中艺术字样式"填充 – 茶色，文本 2，轮廓 – 背景 2"后，在文本框中输入"求职简历"。选中艺术字，进入"绘图工具/格式"选项卡，如图 3 – 28 所示，在"艺术字样式"组中，设置文本填充为"黑色"，文本轮廓为"黑色"，再选择"文本效果"→"转换"→"弯曲"→"朝鲜鼓"。调整艺术字的大小和位置。

图 3 – 28　"绘图工具/格式"选项卡

（三）表格的插入及编辑

1. 将光标定位至"求职简历"下面，单击"插入"选项卡"表格"组中的"表格"按钮，选择"插入表格"对话框，设置行数为4、列数为2，单击"确定"按钮，即插入一个4行2列的表格，输入相关文字，设置适当的字体、字号，结果如图3-29所示。

姓名：	王明明
专业：	信息管理
E-mail：	wangmm@126.com
电话：	＊＊＊＊＊＊＊＊＊＊＊

图3-29 插入表格

2. 单击表格左上角的全选按钮，然后单击"表格工具/布局"选项卡"数据"组中的"转换为文本"按钮，打开"表格转换成文本"对话框（如图3-30所示）进行设置，最后单击"确定"按钮完成转换，调整文字位置。

3. 将插入点定位至自荐信下面，单击"页面布局"选项卡"页面设置"组中的"分隔符"按钮，从菜单中选择需要的分节符类型"下一页"，输入文字"个人简历"，按回车键，插入一个8行5列的表格，输入相关文字，选定相关单元格，并进行合并及格式设置，最终效果如图3-31所示。

图3-30 表格转换成文本

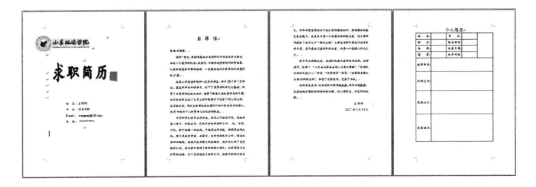

图3-31 求职简历最终效果图

4. 各项内容输入完成，另存为实验素材\第3章\实验六\求职简历.docx

四、实验分析及知识拓展

本实验主要让学生综合运用本章所学知识进行 Word 排版操作，包括页面设置，文档分页、分节，插入页码，设置不同的页眉、页脚，插入表格并进行格式化设置等。

 拓展训练

一、实验目的及实验任务

掌握使用 Word 制作模板的方法。

二、实验内容

（一）练习：制作"民事起诉状"的模板

1. 启动 Word 2010，选择"文件"→"新建"→"我的模板"，在弹出的"新建"对话框中选择"空白文档"，勾选"新建"组中的"模板"单选框，按"确定"按钮，如图 3 – 32 所示。

图 3 – 32 "新建"对话框

2. 输入民事起诉状的主要内容，如图 3 – 33 所示。

3. 将标题格式设置为：宋体、三号，居中对齐，段后 1 行；将除标题外所有内容设置为 1.5 倍行距。

民事起诉状

　　原告：

　　被告：

诉讼请求

事实和理由

证据和证据来源，证人姓名和住址

　　此致

××人民法院

附：本状副本　份

起诉人：

年　月　日

图 3-33　民事起诉状

　　4. 将"原告""被告""此致"分别设置为首行缩进2个字符；将"诉讼请求""事实和理由""证据和证据来源，证人姓名和地址"分别设置为居中对齐；将"起诉人"和时间设置为右对齐。

　　5. 将文档保存为模板文件"民事起诉状.dotx"。

　　提示：（1）在"诉讼请求""事实和理由""证据和证据来源，证人姓名和地址"的下面可通过按 Enter 键产生空行，或者可以使用 Word 2010 的新功能"即点即输"，在合适的位置直接双击鼠标，进行定位即可。

　　（2）创建模板后，以后使用 Word 的"新建"命令，在"我的模板"项中就会出现该模板，可直接使用该模板创建文档。

　　（二）练习：制作"行政上诉状"的模板

　　1. 启动 Word 2010，选择"文件"→"新建"→"我的模板"，在弹出的"新建"对话框中选择"空白文档"，勾选"新建"组中的"模板"单选框，按"确定"按钮。

　　2. 输入行政上诉状的主要内容，如图3-34所示。

　　3. 将标题格式设置为：宋体、三号，居中对齐，段后1行；将除标题外所有内容设置为1.5倍行距。

　　4. 将从"上诉人"到"此致"之间的所有内容均设置为首行缩进2个字符；将"上诉人"和时间设置为右对齐。

　　5. 将文档保存为模板文件"行政上诉状.dotx"。

行政上诉状

上诉人：

被上诉人：

上诉人因_____一案，不服人民法院_____年_____月_____日（　　）字第_____号行政判决（或裁定），现提出上诉。

上诉请求：

上诉理由：

此致

_____人民法院

上诉人：

年　月　日

附：本上诉状副本_____份

图 3 - 34　行政上诉状

提示：（1）文书中多次出现的下划线可通过以下方式输入：在需要输入下划线的位置单击鼠标定位，单击"格式"工具栏上的下划线按钮 U，然后按空格键，直到产生合适长度的下划线为止。

（2）在"上诉请求""上诉理由"的下面可通过按 Enter 键产生空行，或者可以使用 Word 2010 的新功能"即点即输"，在合适的位置直接双击鼠标，进行定位即可。

（三）练习：制作"律师事务所收结案表"的模板

1. 启动 Word 2010，选择"文件"→"新建"→"我的模板"，在弹出的"新建"对话框中选择"空白文档"，勾选"新建"组中的"模板"单选框，按"确定"按钮。

2. 制作"律师事务所收结案表"的表格，如图 3 - 35 所示。

3. 将标题格式设置为：黑体、三号，居中对齐，段后 1 行。

4. 将整个表格设置为在页面水平居中，表格中所有的单元格内容均为水平居中、垂直居中。

5. 将文档保存为模板文件"律师事务所收结案表 . dotx"。

××律师事务所收结案表

案件类别：   字　　号

案件情况	当事人姓名			案由	
	承办法院			预计开庭时间	
案件来源	刑事	家属委托	姓名	同当事人关系	
			住址或单位电话		
		指定法院			
	民事	委托	委托人姓名		
			地址或单位电话		
领导指示					
费用交纳情况					
结案日期及判决结果					
备注					

填表人：   填表时间：　年　月　日

图3-35　律师事务所收结案表

提示：（1）对此类复杂表格可以插入规则表格，然后通过对单元格的合并与拆分来实现，也可以使用"绘制表格"的方式设计。

（2）整个表格设计完成后，对此表格的上半部分可以利用"平均分布各行"使表格达到美观的效果。

（3）表格设计完毕后，可以用鼠标拖动表格右下角的白色小方块，调整表格的大小以适应页面。

综合练习

一、单项选择题

1. 在 Word 环境下，为了处理中文文档，用户可以使用_____键在英文和各种中文输入法之间进行切换。

A. Ctrl + Shift   B. Ctrl + V   C. Ctrl + Alt   D. Shift + W

2. 下列关于 Word 的说法中，正确的是_____。

A. Word 文档只能有文字，不能加入图形

B. Word 不能实现"所见即所得"的排版效果

C. Word 只能将文档保存成 Word 格式

D. Word 能打开多种格式的文档

3. 在 Word 2010 中，_____用于控制文档在屏幕上的显示大小。

A. 缩放显示   B. 全屏显示   C. 页面显示   D. 显示比例

4. 在 Word 2010 环境下，分栏编排_____。

A. 只能用于全部文档   B. 只能排两栏

C. 运用于所选择的文档   D. 两栏是对等的

5. 在 Word 2010 编辑状态下，第一行不动，段落其他行向右缩的缩进方式为_____。

A. 悬挂缩进   B. 首行缩进   C. 左缩进   D. 无

6. _____具有 Word 2010 提供的快速排版文档的功能。

A. 样式   B. 模板   C. 页面布局   D. 主题

7. 在 Word 2010 编辑状态下，可以使插入点快速移动到文档首部的组合键是_____。

A. Home   B. PageUp   C. Alt + Home   D. Ctrl + Home

8. Word 2010 以"磅"为单位的字体中，根据页面的大小，文字的磅值最大可以达到_____磅。

A. 390   B. 1638   C. 1024   D. 500

9. 在 Word 2010 的文档窗口进行最小化操作_____。

A. 会将指定的文档关闭

B. 会关闭文档及其窗口

C. 文档的窗口和文档都没关闭

D. 会将指定的文档从外存中读入，并显示出来

10. 若 Word 2010 启动后，屏幕上打开一个 Word 窗口，它是_____。

A. 用户进行文字编辑的工作环境   B. 开始选项卡

C. 功能区   D. 页面布局选项卡

11. 在 Word 2010 中进行编辑时，要将选定区域的内容放到的剪贴板上，可单击

"开始"选项卡中的_____按钮。

A. 剪切或替换　　　B. 剪切或清除　　　　　C. 剪切或复制　　　　　D. 剪切或粘贴

12. 在 Word 2010 中，保存文档是_____操作。

A. 选择"文件"选项卡中的"保存"或"另存为"命令

B. 按住 Ctrl 键并选择"文件"选项卡中的"全部保存"命令

C. 直接选择"文件"选项卡中 Ctrl + C 命令

D. 按住 Alt 键并选择"文件"选项卡中的"全部保存"命令

13. 下列不是 Word 2010 新增的功能的是_____。

A. 自定义功能区　　　　　　　　　B. SmartArt 模板

C. 图片艺术效果　　　　　　　　　D. 图文混排

14. Word 2010 取消了传统的菜单操作方式，取而代之的是_____。

A. 面板　　　　　B. 工具按钮　　　　　C. 功能区　　　　　D. 下拉列表

15. 使图片按比例缩放应选用_____。

A. 拖动中间的句柄　　　　　　　　B. 拖动四角的句柄

C. 拖动图片边框线　　　　　　　　D. 拖动边框线的句柄

16. 将插入点定位于句子"飞流直下三千尺"中的，直与下之间，按一下 DEL 键，则该句子_____。

A. 变为飞流下三千尺　　　　　　　B. 变为飞流直三千尺

C. 整句被删除　　　　　　　　　　D. 不变

17. 在 Word 2010 编辑状态下，可以同时显示水平标尺和垂直标尺的视图方式是_____。

A. 页面视图　　　　　　　　　　　B. 大纲视图

C. Web 版式视图　　　　　　　　　D. 阅读版式视图

18. 在同一个页面中，如果希望页面上半部分为一栏，后半部分分为两栏，应插入的分隔符号为_____。

A. 分页符　　　　　　　　　　　　B. 分栏符

C. 分节符（连续）　　　　　　　　D. 分节符（奇数页）

19. Word 2010 文档实现快速格式化的重要工具是_____。

A. 格式刷　　　　　B. 工具按钮　　　　　C. 选项卡命令　　　　　D. 对话框

20. 打开"替换"对话框的快捷键是_____。

A. Ctrl + A　　　　　B. Ctrl + X　　　　　C. Ctrl + H　　　　　D. Ctrl + Shift

21. 在 Word 2010 主窗口的右上角，可以同时显示的按钮是_____。

A. 最小化、还原和最大化　　　　　B. 还原、最大化和关闭

C. 最小化、还原和关闭　　　　　　D. 还原和最大化

22. 在 Word 2010 中，关于剪切和复制，下列叙述中，不正确的是_____。

A. 剪切是把选定的文本复制到剪贴板上，仍保持原定选定的文本

B. 剪切是把选定的文本复制到剪贴板上，同时删除被选定的文本

C. 复制是把选定的文本复制到剪贴板上，仍保持原来选定的文本

D. 剪切操作是借助剪贴板暂存区域来实现的

23. Word 2010 的水平标尺上的文本缩进工具中，下列_____项没有出现。

A. 左缩进　　　　B. 右缩进　　　　　　C. 前缩进　　　　D. 首行缩进

24. Word 2010 文档的默认扩展名是_____。

A. dat　　　　　B. dotx　　　　　C. docx　　　　　D. doc

25. Word 2010 中"查找"能使用的通配符是_____。

A. *和 –　　　　B. +和 –　　　　　C. *和 ?　　　　　D. / 和 *

26. 在 Word 2010 文档中，双击段落旁边的选定栏，则选定了_____。

A. 一句话　　　　B. 一段　　　　　C. 一行　　　　　D. 全文

27. 下列关于 Word 2010 文档窗口的说法中，正确的是_____。

A. 只能打开一个文档窗口

B. 可以同时打开多个文档窗口，被打开的窗口都是活动窗口

C. 可以同时打开多个文档窗口，但其中只有一个是活动窗口

D. 可以同时打开多个文档窗口，但在屏幕上只能见到一个文档窗口

28. 用户想保存一个正在编辑的文档，希望以不同文件名存储，可以用_____命令。

A. 保存　　　　　B. 另存为　　　　　C. 比较　　　　　D. 限制编辑

29. 在下列_____视图方式下，不能编辑文档。

A. 页面　　　　　B. Web 版式　　　　C. 草稿　　　　　D. 阅读版式

30. 在 Word 2010 文档中全选的快捷键是_____。

A. Shift + A　　　B. Ctrl + C　　　　C. Ctrl + A　　　　D. Ctrl + F

31. Word 2010 中，不属于"开始"选项卡的组是_____。

A. 页面设置　　　B. 字体　　　　　C. 段落　　　　　D. 样式

32. 要在 Word 2010 的同一个多页文档中设置三个以上不同的页眉页脚，必须_____。

A. 分栏　　　　　　　　　　　　B. 分节

C. 分页　　　　　　　　　　　　D. 采用的不同的显示方式

33. 下列_____不是文档段落的对齐方式。

A. 左对齐　　　　B. 右对齐　　　　C. 两端对齐　　　　D. 顶端对齐

34. 启动 Word 2010 时已经启动模板，该模板是 Word 提供的普通模板即_____模板。

A. Normal　　　　B. Letter & Fax　　　C. 简历　　　　　D. 论文

35. 当 Word 2010 检查到文档中的拼写错误时，就会用_____将其标出。

A. 红色波浪线　　　　　　　　　B. 绿色波浪线

C. 黄色波浪线 　　　　　　　　　　　D. 蓝色波浪线

36. 在插入脚注、尾注时，最好使用的当前视图为_____。

A. 普通视图　　　　B. 页面视图　　　　　C. 大纲视图　　　　　D. 全屏视图

37. 在 Word 2010 中添加页眉，应选择_____选项卡中的"页眉和页脚"组中的页眉。

A. 页眉　　　　　　B. 页脚　　　　　　　C. 页眉页脚　　　　　D. 插入

38. 在 Word 2010 中，若要删除单元格，正确的操作是_____。

A. 选中要删除的单元格，按 DEL 键

B. 选中要删除的单元格，按 Ctrl + V 键

C. 选中要删除的单元格，使用 Shift + Del 键

D. 选中要删除的单元格，右击，选择"删除单元格"

39. 在 Word 2010 中，调整文本行间距应选取_____。

A. "开始"选项卡段落中的行距　　　　　B. "插入"选项卡段落中的行距

C. "视图"选项卡中的标尺　　　　　　　D. "引用"选项卡段落中的行距

40. 新建 Word 2010 文档的快捷键是_____。

A. Ctrl + N　　　　B. Ctrl + O　　　　　C. Ctrl + C　　　　　D. Ctrl + S

41. 下列关于 Word 2010 功能的描述中，_____错误的。

A. Word 2010 可以开启多个文档编辑窗口

B. Word 2010 可以插入多种格式的系统时期、时间

C. Word 2010 可以插入多种类型的图形文件

D. 使用"复制"按钮可将任意对象拷贝到插入点位置

42. Word 2010 在编辑一个文档完毕后，要想知道它打印后的结果，可使用_____功能。

A. 打印预览　　　　B. 模拟打印　　　　　C. 提前打印　　　　　D. 屏幕打印

43. 下列有关 Word 2010 表格功能的说法中，不正确的是_____。

A. 可以通过表格工具将表格转换成文本

B. 表格的单元格中可以插入表格

C. 表格中可以插入图片

D. 不能设置表格的边框线

44. 给每位家长发送一份《期末成绩通知单》，用_____功能最简便。

A. 复制　　　　　　B. 信封　　　　　　　C. 标签　　　　　　　D. 邮件合并

45. 在 Word 2010 中，可以通过_____选项卡对所选内容添加批注。

A. 插入　　　　　　B. 页面布局　　　　　C. 引用　　　　　　　D. 审阅

46. 启动 Word 2010 后，系统提供的第一个默认文件名是_____。

A. Word　　　　　　B. Word 1　　　　　　C. 文档　　　　　　　D. 文档1

47. 中文 Word 2010 运行的环境是_____。

A. DOS　　　　　B. Office　　　　　C. WPS　　　　　D. Windows

48. 下列方法中，不能直接退出 Word 2010 的是_____。

A. 单击标题栏右侧的关闭按钮

B. 直接使用组合键 Alt + F4

C. 单击"文件"选项卡中的"退出"命令

D. 按 Esc 键

49. Word 2010 中的段落标记是在输入_____之后产生的。

A. 句号　　　　　B. Enter 键　　　　　C. Tab　　　　　D. 分页符

50. 在 Word 2010 中，与打印预览显示效果基本相同的视图方式是_____。

A. 普通视图　　　B. 大纲视图　　　　C. 页面视图　　　D. 阅读版式视图

51. 在 Word 2010 的编辑状态，可以同时显示水平标尺和垂直标尺的视图方式是_____。

A. 普通视图　　　B. 页面视图　　　　C. 大纲视图　　　D. 阅读版式视图

52. 如果希望在 Word 2010 窗口中显示标尺，应勾选"视图"选项卡中_____组中的标尺选项。

A. 显示　　　　　B. 窗口　　　　　C. 文档视图　　　D. 显示比列

53. Word 2010 提供了添加边框的功能，以下说明中，正确的是_____。

A. 能为文档中的段落添加边框　　　B. 能为所选文本添加边框

C. 能为文档的页面添加边框　　　　D. 以上三种都正确

54. 进入中文 Word 2010 后，在录入文本时，系统默认为插入方式，可用鼠标在状态栏的插入按钮处_____使之变成改写方式。

A. 单击　　　　　B. 右击　　　　　C. 双击左键　　　D. 双击右键

55. 在 Word 2010 编辑修改文档时，要在输入新的文字的同时替换原有文字，最简便的操作是_____。

A. 选定需替换的内容直接输入新内容

B. 直接输入新内容

C. 按 Delete 键删除需替换的内容再输入新内容

D. 无法同时实现

56. 在 Word 2010 文档中插入公式，应选择"插入"选项卡_____组中的公式按钮。

A. 文本　　　　　B. 插图　　　　　C. 图文框　　　D. 符号

57. 在 Word 2010 中，要快速复制对象，可以在拖动鼠标的同时按住_____键。

A. Ctrl　　　　　B. Alt　　　　　C. Shift　　　　　D. Tab

58. 在 Word 2010 中，若当前插入点在一个制表位列中，希望将插入点直接移动到下一个制表位列中，应按_____。

  A. Tab 键   B. Space 键   C. Shift 键   D. Caps Lock 键

  59. 在 Word 2010 的编辑状态中，复制操作的组合键是_____。

  A. Ctrl + A   B. Ctrl + C   C. Ctrl + V   D. Ctrl + X

  60. 在 Word 2010 编辑状态下，若需给文档加日期和时间，使用的组是_____。

  A. 文本   B. 插图   C. 符号   D. 页眉页脚

二、判断题

1. Word 2010 插入的艺术字既能设置字体又能设置字号。（　　）

2. 如要对文本格式化，则必须先选择被格式化的文本，然后再进行操作。（　　）

3. 在 Word 2010 中，可以设置文字格式为立体字。（　　）

4. Word 2010 表格可以转换成文字，文字也可以转换成表格。（　　）

5. 页眉与页脚一经插入就不能修改了。（　　）

6. 在 Word 2010 中，表格底纹设置只能设置整个表格底纹，不能对单个单元格进行底纹设置。（　　）

7. 在 Word 2010 的默认环境下，编辑的文档每隔 10 分钟就会自动保存一次。（　　）

8. 在 Word 2010 中可以通过在最后一行的行末按下"Tab"键的方式在表格末添加一行。（　　）

9. 在 Word 2010 中，设置段落格式时，必须选定该段落的全部文字。（　　）

10. 单击文件选项卡，选中"最近所有文件"命令，将列出最近打开过的文件的名字。（　　）

三、填空题

1. 在 Word 2010 中，要调整文档段落之间的距离，应使用_____对话框中的缩进和间距选项卡。

2. 在 Word 2010 中，默认的文字的录入状态是_____。

3. Word 2010 的编辑状态下，若要完成复制操作，首先要进行的是_____操作。

4. Word 2010 设置的页边距与所使用的纸型有关，系统提供了两种页面方向_____和_____。

5. 在 Word 2010 中，要在页面上插入页眉和页脚，应使用_____选项卡的页眉和页脚组。

6. 在 Word 2010 中，若需要改变纸张的大小，应选择页面布局选项卡中的_____组。

7. Word 2007 升级到 Word 2010，其最显著的变化就是_____按钮代替了 Word 2007 中的 Office 按钮。

8. 在 Word 2010 中，给图片或图像插入题注是选择_____功能区中的命令。

9. 在插入选项卡的符号组中，可以插入_____和符号、编号等。

10. 在 Word 2010 中插入了表格后，会出现_____选项卡，对表格进行设计和布局的操作设置。

四、操作题

下载"实验素材 \ 第 3 章 \ 综合练习 \ 秋天 . docx"，完成以下题目：

1. 将文章标题"秋天"字体设置为黑体、二号、加粗，并居中对齐。

2. 选中除标题外的其他段落，首行缩进 2 字符，段前、段后间距均设置为 0.5 行，行距设置为 1.25 倍。

3. 给文章添加页眉"秋天"，且页眉、页脚距边界的距离分别设置为 1cm 和 2cm。

4. 给"也不知这到底是'爱上层楼，为赋新词强说愁'呢，还是'欲说还休，却道天凉好个秋'?!"这一句话加底纹"橙色，强调文字颜色 6，淡色 60%"，并将字体设置为楷体。

5. 在以"《诗经》中的'秋日凄凄、百卉具腓'"开始的段后插入素材图片"秋天 . jpg"，调整图片的高度为 3.5cm，宽度为 5cm。环绕方式为四周型，移动图片到段落中间。

6. 给"春夏秋冬，四季轮回"这几个字加着重号。

7. 在文章最后插入一个 5 行 4 列的表格，将所有单元格对齐方式设置为"水平居中"。

8. 将该文档的上、下、左、右页边距分别设置为 2cm、2cm、3cm 和 3cm。

第4章 电子表格系统 Excel 2010

实验一 Excel 工作簿及工作表的操作

一、实验目的及实验任务

（一）实验目的

1. 掌握 Excel 工作簿的新建、保存等操作。

2. 掌握 Excel 中工作表的管理，熟悉对工作表的选择、复制、移动、插入、重命名、删除和隐藏等操作。

（二）实验任务

1. 在 D 盘中创建一个名为"student. xlsx"的工作簿，修改工作表的数目。

2. 根据提供的实验素材对工作表进行操作。

二、实验素材

"实验素材 \ 第 4 章 \ 实验一 \ exercise1. xlsx"；

"实验素材 \ 第 4 章 \ 实验一 \ exercise2. xlsx"。

三、实验操作过程

（一）创建一个工作簿文件"student. xlsx"

1. 单击"开始"→"所有程序"→"Microsoft Office"→"Microsoft Office Excel 2010"命令，打开 Excel 2010 文件的窗口，默认的文件名为"工作簿 1"。

2. 单击"文件"→"保存"命令，或者单击快速访问工具栏中的"保存"按钮，弹出"另存为"对话框，在"保存位置"处选择"本地磁盘（D:）"，在"文件名"文本框内输入"student. xlsx"。

3. 单击"确定"。

（二）修改工作表的数目

单击"文件"→"选项"，在"常规"选项卡设置"新建工作簿时包含的工作表数"为 5，再新建一个工作簿即可看到工作表数目变为 5。

（三）在"exercise1. xlsx"的工作表"销售表"前面插入两个新的工作表

双击打开"exercise1. xlsx"，单击工作表标签"销售表"，按住 Ctrl 键单击工作表标签 sheet 3，单击"开始"选项卡，在"单元格"组中单击"插入"→"插入工作表"，即在"销售表"前面插入两个新的工作表 Sheet 2 和 Sheet 4。或者在工作表标签"销售表"上右击，在弹出的快捷菜单中选择"插入"，弹出"插入"对话框。

选择"工作表"后，单击"确定"。

（四）将"exercise1.xlsx"中的工作表 Sheet1 重命名为"学生成绩表"

双击工作表标签 Sheet 1，输入"学生成绩表"，按回车键。

也可以在工作表标签上右击，在快捷菜单中选择"重命名"。

（五）将"exercise1.xlsx"中的工作表"学生成绩表"复制到当前工作簿的 Sheet 3 之后，并将副本隐藏

1. 在工作表标签"学生成绩表"上右击，在弹出的快捷菜单中选择"移动或复制工作表"，如图 4-1 所示，弹出"移动或复制工作表"对话框。

2. 在"移动或复制工作表"对话框中选择复制的目标位置为"（移至最后）"，选择"建立副本"选项，如图 4-2 所示。单击"确定"，即可在 Sheet 3 之后添加"学生成绩表"的副本"学生成绩表（2）"。

 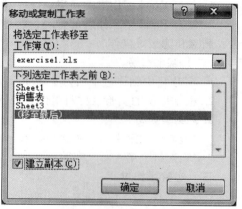

图 4-1 "移动或复制工作表"对话框   图 4-2 移动或复制工作表操作

3. 单击选中工作表标签"学生成绩表（2）"，单击"开始"选项卡，在"单元格"组中单击"格式"→"隐藏和取消隐藏"，可将当前工作表"学生成绩表（2）"隐藏。

（六）将"exercise 1.xlsx"中的"销售表"移动到"exercise 2.xlsx"的 Sheet 3 之前

1. 双击打开"exercise 2.xlsx"。

2. 在"exercise 1.xlsx"的工作表标签"销售表"上右击，在弹出的快捷菜单中选择"移动或复制工作表"，弹出"移动或复制工作表"对话框。

3. 在"工作簿"下拉列表中选择"exercise 2.xlsx"，设置工作表移动的目标位置为"Sheet 3"，单击"确定"，即可完成工作表在两个工作簿之间的移动。

（七）删除"exercise1.xlsx"中的 Sheet 3

在"exercise1.xlsx"中的工作表标签 Sheet 3 上右击，在弹出的快捷菜单中选择"删除"，即可删除工作表 Sheet 3。

或者单击"exercise1. xlsx"中的工作表标签 Sheet 3，单击"开始"选项卡，在"单元格"组中单击"删除"→"删除工作表"。

注：delete 键对工作表的删除无效。

四、实验分析及知识拓展

本实验主要是使学生掌握工作簿和工作表的基本操作。工作表的操作都可以用选项卡或者在工作表标签上单击右键两种方法完成。

五、拓展作业

1. 启动 Excel 2010，将新工作簿内的默认工作表数设置为 6。

2. 新建一个 Excel 文件，将其保存在 D 盘，命名为"test. xlsx"。

3. 在"test. xlsx"中，删除 Sheet 6，将 Sheet 4 隐藏，将 Sheet 1 重命名为"练习 1"，将表"练习 1"复制到最后，将 Sheet 2 与 Sheet 3 位置互换。

实验二　数据输入与填充

一、实验目的及实验任务

（一）实验目的

1. 熟练掌握不同类型数据的录入和编辑方法。

2. 熟练掌握数据的填充与数据序列的使用方法。

（二）实验任务

打开"学生名单. xlsx"，将数据补充完整，如图 4 - 3 所示。

	A	B	C	D	E	F	G	H	I
1	编号	姓名	性别	学历	专业	出生年月	就业方向	派遣费	综合成绩
2	001	王震	男	本科	计算机	1993/3/18	计算机	￥50.00	89
3	002	戴晓同	男	专科	财会	1995/2/9	财会	￥70.00	83
4	003	林华	女	研究生	金融	1990/8/10	金融	￥90.00	92
5	004	郭荣	女	专科	税务	1994/11/21	税务	￥110.00	90
6	005	赵利	男	本科	英语	1994/5/12	英语	￥130.00	78
7	006	张承	女	本科	法律	1995/12/3	法律	￥150.00	85
8	007	徐小露	女	研究生	传媒	1991/4/28	传媒	￥170.00	80
9	008	赵曦	女	本科	金融	1994/7/25	金融	￥190.00	94
10									
11					操作日期	2017/2/18			
12					操作时间	10:46			
13									

图 4 - 3　在表中输入数据

二、实验素材

"实验素材 \ 第 4 章 \ 实验二 \ 学生名单. xlsx"。

三、实验操作过程

（一）文本型数据的输入

1. 单击单元格 A2，先输入一个单引号"'"，再输入"001"，按 Enter 键完成操作。将指针移动至 A2 单元格右下角的填充柄上，此时鼠标指针变成黑色的"＋"字形状，按住鼠标左键拖动至单元格 A9，释放鼠标左键，则 A2：A9 区域内将被顺序地输入编号 001～008。

2. 单击单元格 C2，输入"男"。然后按住 C2 单元格右下角的填充柄，直接拖动到 C3。用同样的操作方法完成 C4：C9 的输入。

（二）日期时间型数据的输入

在 F2：F9 区域内输入出生年月，以 1993 年 3 月 18 日为例，输入的格式如下：1993 年 3 月 18 日、1993－3－18、1993/3/18、18/Mar/1993、18－Mar－1993 等。

单击单元格 F11，按 Ctrl＋；（分号）输入当前日期，单击单元格 F12，按 Ctrl＋Shift＋；（分号）输入当前时间。（由于是当前日期和时间，因此会与图 4－3 中的不同）

（三）等差序列填充

单击单元格 H2，输入 50，单击单元格 H3，输入 70，选定 H2 和 H3，用鼠标拖动填充柄拖动到 H9，填充依次递增 20 的数据。选定单元格区域 H2：H7，右击，在快捷菜单中选择"设置单元格格式"，在出现的对话框的"数字"选项卡中单击"货币"项，设置小数位数为 2，货币符号为"￥"。

（四）数据有效性检验

1. 选定单元格区域 D2：D7，单击"数据"选项卡，在"数据工具"组中单击"数据有效性"→"数据有效性"，打开"数据有效性"对话框，在"设置"选项卡的"允许"下拉列表框中选择"序列"，在"来源"框中输入"专科,本科,研究生"（注意逗号是英文半角输入），将"提供下拉箭头"选项选中，如图 4－4 所示，单击"确定"。这样设置后，在学历这一列中，D2：D7 的每个单元格都有一个下拉箭头，如图 4－5 所示。

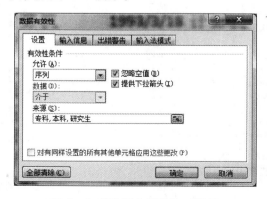

图 4－4　"数据有效性"对话框

图 4－5　带下拉箭头的单元格

2. 选定单元格区域 I2: I7，单击"数据"选项卡，在"数据工具"组中单击"数据有效性"→"数据有效性"，打开"数据有效性"对话框，在"设置"选项卡的"允许"下拉列表框中选择"整数"，在"数据"框中选择"介于"，在"最小值"框中输入"0"，在"最大值"框中输入"100"，如图 4-6 所示，单击"确定"。这样设置后，在综合成绩这一列中输入的数据只能是介于 0~100 的整数。

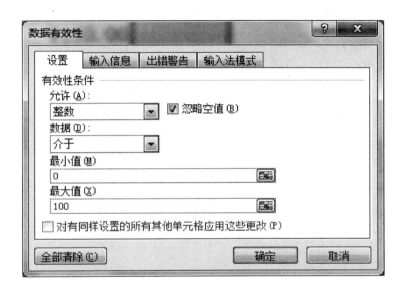

图 4-6 "数据有效性"对话框

（五）复制数据

将 E2: E7 区域内的数据（仅仅是数据本身，不包含格式）复制到 G2: G7 区域内。

1. 按住鼠标左键拖动，选择单元格区域 E2: E7，按组合键 Ctrl + C。

2. 选定单元格 G2 或者选定单元格区域 G2: G7，单击"开始"选项卡，在"剪贴板"组中单击"粘贴"→"粘贴数值"→"值（V）"，即可实现不含格式的数据的复制。

（六）行、列的插入与删除

删除"学生名单.xlsx"中的"性别"列，在第 1 行上方插入 2 行。

1. 在列标 C 上单击选中该列，单击"开始"选项卡，在"单元格"组中单击"删除"→"删除工作表列"。

或者在所选列上右击，在弹出的快捷菜单中选择"删除"，都可以删除所选的列。

2. 鼠标拖动选择行号为"1"和"2"的两行，单击"开始"选项卡，在"单元格"组中单击"插入"→"插入工作表行"。

或者在所选的行标上右击,在弹出的快捷菜单中单击"插入",都可以在所选行之前插入新的两行。

四、实验分析及知识拓展

本实验目的是使学生掌握各种类型的数据输入方法及填充方式,掌握数据有效性检验、复制等操作。

五、拓展作业

(一)实验素材

"实验素材\第4章\实验二\成绩汇总.xlsx"。

(二)实验任务

1. 将素材"成绩汇总.xlsx"中的 E3:G11 区域的数字格式设置为小数点后 2 位。

2. 使用数据有效性检验填充"性别"列,利用自动填充功能在"班级"列中依次输入"一班、二班、三班、四班、一班、二班、三班、四班、一班"。

3. 出生日期的有效范围为 1992 – 1 – 1 至 1995 – 1 – 1。

实验三 公式及函数的使用

一、实验目的及实验任务

(一)实验目的

熟练掌握 Excel 公式、函数的使用与操作。其中,函数主要掌握统计函数 sum、sumif、countif、rank、mod、round,取子串函数 mid、left、right,条件函数 if,逻辑函数 and、or,查找函数 vlookup,日期函数 year、now 等。

(二)实验任务

利用实验素材"学生成绩表.xlsx"和"毕业生基本情况表.xlsx"完成相关函数的输入与计算,结果如图 4 – 7、4 – 8 所示。

二、实验素材

"实验素材\第4章\实验三\学生成绩表.xlsx";

"实验素材\第4章\实验三\毕业生基本信息表.xlsx"。

三、实验操作过程

1. 打开实验素材"学生成绩表.xlsx",做如下计算:

(1)计算总评成绩。总评成绩计算公式为:

总评成绩 = 平时成绩 * 0.2 + 期末成绩 * 0.8,结果四舍五入。

在 F2 单元格中输入公式"= ROUND(D2 * 0.2 + E2 * 0.8,0)"并按回车键,然后拖动填充柄至单元格 F20,或双击填充柄,计算出所有人的总评成绩。

学生成绩表.xlsx

	A	B	C	D	E	F	G	H	I
1	学号	姓名	性别	平时成绩	期末成绩	总评成绩	五分制	名次	
2	20080201	李明	男	94	89	90	A	5	
3	20080202	王峰	男	75	51	56	E	18	
4	20080203	张辉	男	92	87	88	B	7	
5	20080204	郝帅	男	81	75	76	C	16	
6	20080205	王小明	女	83	76	77	C	15	
7	20080206	陈平	女	85	79	80	B	13	
8	20080207	朱琳	女	95	92	93	A	2	
9	20080208	金明	男	93	90	91	A	4	
10	20080209	黎华磊	男	88	86	86	B	9	
11	20080210	宋亚超	男	91	96	95	A	1	
12	20080211	王珊	女	90	93	92	A	3	
13	20080212	葛云	女	95	86	88	B	7	
14	20080213	冯丽萍	女	86	90	89	B	6	
15	20080214	宋文硕	男	74	80	79	C	14	
16	20080215	孟雷娣	男	82	85	84	B	10	
17	20080216	牛月	女	85	82	83	B	11	
18	20080217	林香	女	78	47	53	E	19	
19	20080218	姚辉	女	80	66	69	D	17	
20	20080219	连磊	男	91	80	82	B	12	
21									
22									
23							不及格人数	2	

图4-7　学生成绩表

	姓名	性别	年龄	身份证号	户籍地（省）	专业	综合成绩	实训成绩	总评	获奖金额
1										
2	谭光平	男	23	32****1994****6032	江苏	法学	86	A	合格	5000
3	邓伦栋	男	22	37****1995****0857	山东	法律	92	A	优秀	8000
4	冯和恒	男	23	13****1994****2535	河北	刑事司法	78	B	合格	2000
5	陈庚宏	男	22	37****1995****4912	山东	经济法学	89	A	合格	3000
6	林福利	男	24	37****1993****2817	江苏	法律事务	94	B	合格	2000
7	刘涛	女	23	37****1994****0826	山东	刑事司法	87	B	合格	4000
8	廖小华	女	23	15****1994****6028	内蒙古	工商管理	82	C	合格	0
9	周凌华	男	22	37****1995****0029	山东	法学	76	B	合格	0
10	孙晓	男	21	37****1996****1330	山东	信息工程	82	A	合格	1000
11	施晓明	男	23	22****1994****5739	吉林	计算机应用技术	90	A	优秀	8000
12	张梦琪	女	22	37****1995****4522	山东	传播学	88	B	合格	2000
13	刘璐璐	女	23	43****1994****2063	湖南	新闻编辑	84	B	合格	1000
14	冯明辉	男	22	33****1995****7034	浙江	软件工程	86	B	合格	2000
15	宋文硕	男	22	37****1995****2015	山东	经济法学	87	A	合格	4000
16	张晓	男	22	37****1995****3856	山东	法律	77	B	合格	0
17	李晓辉	男	22	37****1995****1114	山东	法律	91	A	优秀	5000
18	宁宝丰	男	22	51****1995****7731	四川	法学	92	B	合格	4000
19	李会海	男	21	37****1996****5239	山东	行政管理	87	B	合格	2000
20	孙磊	男	23	44****1994****4570	广东	法律事务	84	A	合格	1000
21	潘峰	男	22	37****1995****2535	山东	法学	76	B	合格	0
22	杨肖涵	男	22	37****1995****0764	山东	刑事司法	86	A	合格	1000
23	崔子英	女	22	14****1995****142X	山西	贸易经济	87	A	合格	1000
24										
25				法学类专业学生人数：	14					
26				山东籍学生获奖总额：	30000					

图4-8　毕业生基本情况表

（2）填充"五分制"列。总评成绩在 90 分以上的设置为"A"；在 80～89 之间的设置为"B"；在 70～79 之间的设置为"C"；在 60～69 分之间的设置为"D"；小于 60 分的设置为"E"。

在 G2 单元格中输入公式"＝IF（F2＞＝90,"A"，IF(F2＞＝80,"B"，IF(F2＞＝70,"C"，IF(F2＞＝60,"D","E")))）"并按回车键，然后拖动填充柄至单元格 G20，或双击填充柄，计算出所有人的五分制成绩。

（3）根据总评成绩进行排名。在 H2 单元格中输入公式"＝RANK（F2，MYMFMYM2：MYMFMYM20)"并按回车键，然后拖动填充柄至单元格 H20，或双击填充柄，计算出所有人的名次。

（4）根据总评成绩统计不及格人数。在 G23 单元格中输入公式"＝COUNTIF（F2：F20,"＜60")"并按回车键，统计出不及格人数。

2. 打开"毕业生基本信息表．xlsx"，做如下计算：

（1）填充"性别"列。身份证号的前 2 位表示户籍所在省份，第 17 位表示性别，当为偶数时表示"女"，为奇数时表示"男"。

在 B2 单元格中输入公式"＝IF（MOD（MID（D2，17，1），2）＝0,"女","男")"并按回车键，然后拖动填充柄至单元格 B23，或双击填充柄，计算出所有人的性别。

（2）计算学生年龄。在 C2 单元格中输入公式"＝YEAR（NOW（））－MID（D2，7，4)"并按回车键，然后拖动填充柄至单元格 C23，或双击填充柄，计算出所有人的年龄。

（3）填充"户籍地（省）"列。身份证号的前 2 位表示户籍所在省或直辖市，如 11 表示北京。

在 E2 单元格中输入公式"＝VLOOKUP（LEFT（D2，2），户籍地表！MYMAMYM2：MYMBMYM13，2)"并按回车键，然后拖动填充柄至单元格 E23，或双击填充柄，计算出所有人的户籍地。

（4）填充"总评"列。总评分为"优秀"与"合格"，如果综合成绩在 90 分以上并且实训成绩为 A，则总评为"优秀"，否则为"合格"。

在 I2 单元格中输入公式"＝IF（AND（G2＞＝90，H2＝"A"),"优秀","合格")"并按回车键，然后拖动填充柄至单元格 I23，或双击填充柄，计算出所有人的总评。

（5）计算法学类专业学生人数。在 E25 单元格中输入公式"＝COUNTIF（F2：F23,"＊法＊")"并按回车键，计算出法学类专业学生人数。

（6）计算山东籍学生获奖总额。在 E26 单元格中输入公式"＝SUMIF（E2：E23,"山东"，J2：J23)"并按回车键，计算出山东籍学生获奖总额。

四、实验分析及知识拓展

常用函数补充说明：

1. ROUND（）：四舍五入函数，语法为：ROUND（数字，位数）。

说明：如果位数大于 0，则四舍五入到指定的小数位。如果位数等于 0，则四舍五入到最接近的整数。如果位数小于 0，则在小数点左侧进行四舍五入。

例如，ROUND（21.5，-1）的结果为 20。

2. MOD（）：求余数函数，例如，MOD（14，5）的结果为 4。

3. IF（）：条件选择函数，语法为：IF（条件判断，结果为真返回值，结果为假返回值）。

说明：第一个参数是条件判断，比如 "C1 = "优秀""或 "21 > 37"，结果返回 TRUE 或 FALSE。如果返回 TRUE，那么 IF 函数返回值是第二个参数，否则返回第三个参数。

4. SUMIF（）：条件求和函数，语法为：SUMIF（条件范围，条件判断，［求和范围］）。

说明：第三个参数是可选项。例如，SUMIF（F2：F8，" > = 90"），求 F2 ~ F8 区域内，大于等于 90 的数值之和。例如，SUMIF（C2：C8，"女"，D2：D8），求 C2：C8 区域内性别为女的记录所对应的 D2：D8 区域内的和。条件判断可以用通配符 " * "，如 " * A * "表示包含 A 的字符串。

5. VLOOKUP（）：查找函数，语法为：VLOOKUP（要查找的值，查找区域，返回列的位置，查找的方式）。

说明：（1）要查找的值必须位于查找区域的最左列。

（2）返回列的位置是指列号，最左列为 1，以此类推。

（3）查找的方式指明查找时是精确匹配，还是近似匹配。为 TRUE 或非 0 或被省略时表示精确匹配，并且必须按升序排列查找区域第一列中的值，否则 VLOOKUP 可能无法返回正确的值。为 FALSE 或 0 时，表示模糊查找。

6. MID（）：从一个字符串的指定位置开始，截取指定数目的字符串。语法为：MID（字符串，指定的起始位置，要截取的数目）。

例如，在 A4 单元格中输入"山东大学"，在 C4 单元格中输入公式 " = MID（A4，3，2）"，结果为"大学"。

7. LEFT（）：从左边第一个字符开始，截取指定数目的字符串。语法为：LEFT（字符串，要截取的数目）。

例如，在 A2 单元格中输入"山东大学"，LEFT（A2，2）结果为"山东"。RIGHT（）是从右侧开始截取字符串。

8. YEAR（）：返回指定日期中的年份，返回的年份的值范围是整数1900 ~ 9999。

语法为：YEAR（要提取年份的日期）。

9. NOW（）：返回电脑中设置的当前日期和时间。注意：该函数没有参数。

10. AND（）：检验一组数据是否同时都满足条件。同时满足结果为 TRUE，有一个不满足结果为 FALSE。语法：AND（判断条件 1，判断条件 2，……）。

OR（）函数与 AND（）函数的参数条件相似，但是 OR 函数当所有条件都不满足时结果为 FALSE，只要有一个条件满足则函数返回结果为 TRUE。

语法：OR（判断条件 1，判断条件 2，……）。

11. ROW（ ）：返回行号，注意该函数没有参数。

五、拓展作业

（一）实验素材

"实验素材 \ 第 4 章 \ 实验三 \ 成绩表 . xlsx"。

（二）实验任务

1. 利用 sheet 2 工作表填充学院列。提示：学号的第 5、6 位代表学院代号。

2. 利用公式来计算每个学生的总分、平均分和名次，并求出班级男生人数和女生人数。

3. 计算物理的最高分，数学的最低分。

实验四 数据格式化

一、实验目的及实验任务

（一）实验目的

掌握单元格内数据的格式化方法，掌握设置单元格的外观（如调整行高、列宽，添加边框和底纹等）的方法，掌握自动套用格式和条件格式的使用。

（二）实验任务

打开"成绩单 . xlsx"，对工作表按要求进行格式化。

二、实验素材

"实验素材 \ 第 4 章 \ 实验四 \ 成绩单 . xlsx"。

三、实验操作过程

（一）将学号中的数据设置为文本型

选择单元格区域 A3: A12，右击，在快捷菜单中选择"设置单元格格式"，在出现的对话框的"数字"选项卡中单击"文本"项即可，如图 4 - 9 所示。

（二）设置表格标题

1. 单击选中 A1 单元格，选择"开始"选项卡，在"字体"组中设置字体为黑体、字号为 20 号。

2. 按住鼠标左键拖动选择 A1: E1 单元格区域，在"开始"选项卡的"对齐方式"组中，单击"合并后居中"按钮即可。

（三）将 A2 单元格的格式复制到 B2: E2 区域

单击 A2 单元格，在"开始"选项卡的"剪贴板"组中，单击"格式刷"按钮，此时单元格的周围出现滚动的虚线框，选定 B2: E2 区域即可。

图4-9 "设置单元格格式"对话框

或者单击 A2 单元格，按 Ctrl + C 复制 A2 单元格，此时单元格的周围出现滚动的虚线框，拖动鼠标选择 B2：E2 单元格区域，在"开始"选项卡的"剪贴板"组中，单击"粘贴"下拉按钮，在其下拉列表中选择"选择性粘贴"，在弹出的"选择性粘贴"对话框中选择"格式"，单击"确定"，B2：E2 区域的格式已调整为与 A2 单元格一致。此时，单元格 A2 的周围仍然有滚动的虚线框，表示可以继续使用先前复制的 A2 的内容和格式，如不再需要，则按 Esc 键可取消。

（四）调整第一行的高度，将 B 列的宽度调整至与 A 列相同

1. 单击行号"1"选择第一行，在"开始"选项卡的"单元格"组中单击"格式"下拉按钮，在其下拉列表中选择"行高"命令，如图 4 - 10 所示，在弹出的"行高"对话框中输入"40"，单击"确定"。

2. 单击列号"A"选择第一列，按 Ctrl + C 复制第一列。单击列号"B"选择第二列，在"开始"选项卡的"剪贴板"组中，单击"粘贴"下拉按钮，在其下拉列表中选择"选择性粘贴"，在弹出的"选择性粘贴"对话框中选择"列宽"，单击"确定"。

3. 按 Esc 键取消对 A 列的选择。

图 4 – 10 "格式"下拉列表

（五）设置单元格底纹，设置表格（不包括表格标题）的边框

1. 选定标题所在单元格右击，在弹出的快捷菜单中选择"设置单元格格式"，弹出"单元格格式"对话框。

2. 单击"填充"选项卡，在"背景色"色板中选择"茶色，背景 2，深色 25%"，单击"确定"。

3. 选定 A2：E12 单元格区域右击，在弹出的快捷菜单中选择"设置单元格格式"，弹出"单元格格式"对话框。

4. 单击"边框"选项卡，在"线条样式"中选择粗线，单击"预设"中的"外边框"，然后在"线条样式"中选择细线，单击"预设"中的"内部"，单击"确定"，设置后的效果如图 4 – 11 所示。

（六）为表格标题添加批注"2009 年 1 月考试成绩"

1. 选定标题所在的单元格右击，在弹出的快捷菜单中选择"插入批注"。

高二一班成绩单				
学号	姓名	政治	英语	数学
9926041	宋大刚	82	82	79
9926046	黄惠惠	60	43	70
9926047	翁光明	86	94	90
9926035	钱宝方	65	71	78
9926050	钱旭亮	79	78	89
9926055	吴树西	50	62	52
9926066	周甲红	67	75	74
9926021	叶秋阳	88	91	88
9926073	方昌霞	77	60	82
9926084	方志明	45	74	65

图4-11 设置边框、底纹后的格式

2. 在弹出的"批注框"中输入批注文本"2009年1月考试成绩"。

3. 输入批注文本后在工作表中其他任意的位置单击即可,标题单元格的右上角即出现一个小红三角。

（七）使用自动套用格式

选择单元格区域 A2: E12,在"开始"选项卡的"样式"组中,单击"套用表格格式"下拉按钮,在其下拉列表中选择"表样式浅色1"。

（八）使用条件格式

将所有学生的成绩中90分及以上的分数用蓝色加粗显示,不及格的用红色显示。

1. 选择单元格区域 C3: E12,在"开始"选项卡的"样式"组中,单击"条件格式"下拉按钮,在其下拉列表中选择"突出显示单元格规则"中的"大于"按钮,如图4-12所示。

2. 在弹出的"大于"对话框中的"为大于以下值的单元格设置格式"文本框中输入"89",在右侧"设置为"组合框中单击下拉箭头,在下拉列表中选择"自定义格式",如图4-13所示。

3. 在弹出的"设置单元格格式"对话框的"字体"选项卡中,选择"字形"为"加粗",设置"颜色"为"蓝色",单击"确定"。

4. 按照上述方法设置第2个条件。

（九）冻结工作表的前两行,拖动垂直滚动条观察结果

1. 单击行号3,在"视图"选项卡的"窗口"组中,单击"冻结窗口"下拉按钮,在下拉列表中选择"冻结拆分窗格",如图4-14所示,可观察到 A3 单元格上方出现一条实线。

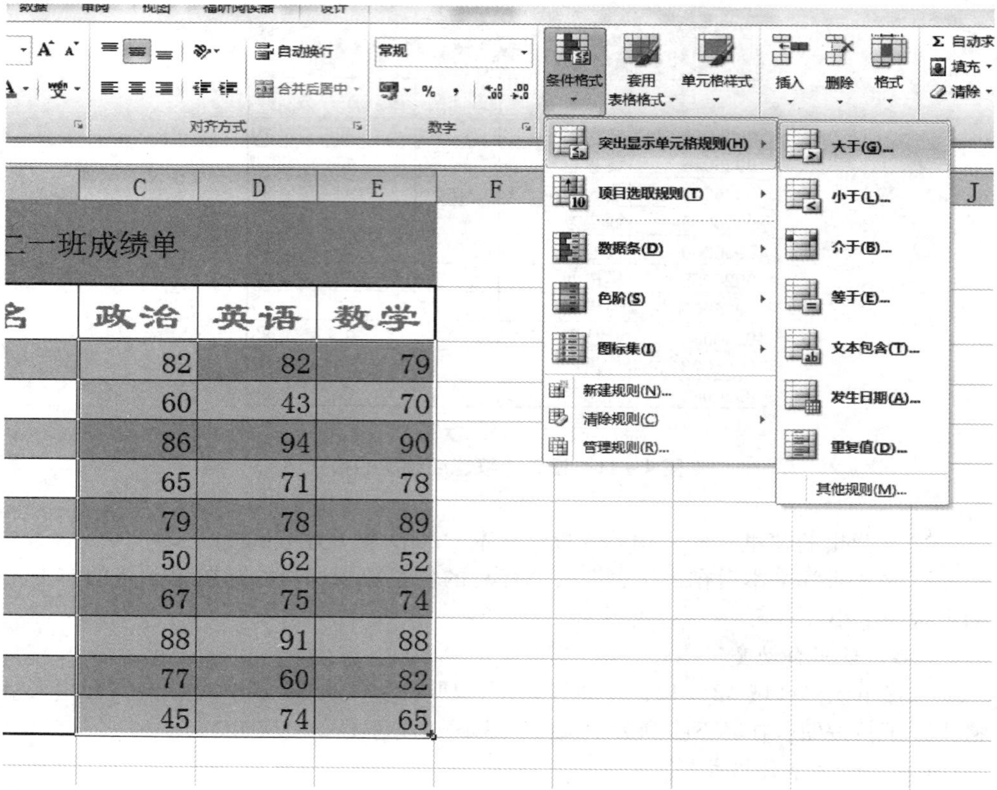

C	D	E	F	J

二一班成绩单

名	政治	英语	数学
	82	82	79
	60	43	70
	86	94	90
	65	71	78
	79	78	89
	50	62	52
	67	75	74
	88	91	88
	77	60	82
	45	74	65

条件格式
　突出显示单元格规则(H) ▶
　项目选取规则(T) ▶
　数据条(D) ▶
　色阶(S) ▶
　图标集(I) ▶
　新建规则(N)…
　清除规则(C) ▶
　管理规则(R)…

大于(G)…
小于(L)…
介于(B)…
等于(E)…
文本包含(T)…
发生日期(A)…
重复值(D)…
其他规则(M)…

图 4-12　条件格式

大于

为大于以下值的单元格设置格式：

89	设置为	浅红填充色深红色文本 ▼

浅红填充色深红色文本
黄填充色深黄色文本
绿填充色深绿色文本
浅红色填充
红色文本
红色边框
自定义格式

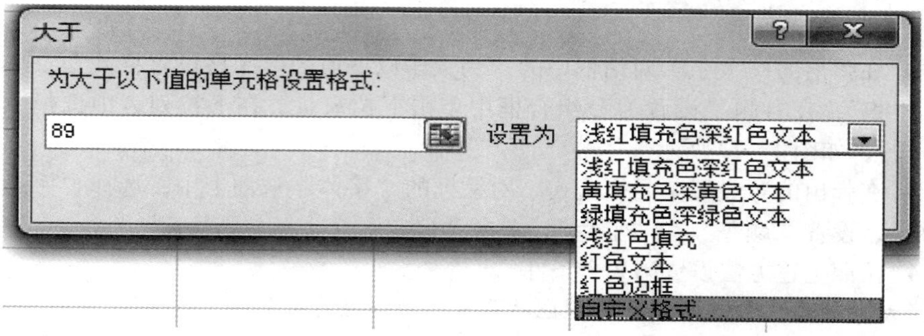

图 4-13　"大于"对话框

图 4-14　冻结前 2 行

2. 拖动垂直滚动条，可发现前两行可以保持不动，这就是冻结的结果。

注：（1）要冻结某一列，可选择该列右边列的第一个单元格，重复上述操作。

（2）要冻结若干行和列，则只需选择行列交叉处右下角的单元格，重复上述操作。

（3）要取消冻结，在下拉列表中选择"取消冻结窗格"即可。

四、实验分析及知识拓展

本实验主要使学生掌握 Excel 工作表的格式化，条件格式的使用等操作，使得表格数据更美观、醒目。

五、拓展作业

（一）实验素材

"实验素材 \ 第四章 \ 实验四 \ 成绩汇总 . xlsx"。

（二）实验任务

1. 将 A1 单元格中的"96 级机械系学生成绩单"作为表格标题居中，并设置为黑体、加粗、16 号。颜色为红色，底纹图案颜色为橙色淡色 40%，图案样式为 12.5% 灰色。

2. 将所有的成绩中大于等于 90 分的用红色标记，小于 70 分的用蓝色标记。

3. 调整 A 列的列宽为 15，并将此列宽复制到 B 列，删除 H 列。

4. 冻结工作表的第 1 行，并拖动垂直滚动条观察结果。

5. 为 A2：G11 添加边框，外边框为黑色的实线，内边框为蓝色的虚线。

6. 为 E2 单元格"大学英语"添加批注"大学英语三"。

实验五　数据清单及图表操作

一、实验目的及实验任务

（一）实验目的

1. 掌握数据清单排序、筛选、分类汇总、网页提取的操作方法；

2. 掌握图表的建立及操作，掌握不同图表类型的适用性。

（二）实验任务

打开"就业情况表.xlsx"，进行数据清单及图表操作。

二、实验素材

"实验素材 \ 第 4 章 \ 实验五 \ 就业情况表.xlsx"；

"实验素材 \ 第 4 章 \ 实验五 \ 销售情况表.xlsx"。

三、实验操作过程

打开就业情况表.xlsx，做如下操作：

（一）多关键字排序

先按"毕业年份"字段升序排序，若毕业年份相同，再按"性别"降序排列。

1. 在 E 列中的任意单元格上单击，在"数据"选项卡的"排序和筛选"组中，单击"排序"命令，打开"排序"对话框。

2. 在对话框中将"主要关键字"设置为"毕业年份"，次序设为"升序"。单击"添加条件"按钮，"次要关键字"设为"性别"，次序为"降序"，如图 4 – 15 所示，单击"确定"。

（二）筛选

1. 自动筛选。筛选出所有专业为计算机的学生名单。

单击数据清单中的任意一个单元格，在"数据"选项卡的"排序和筛选"组中，单击"筛选"命令，可以看到每一个字段所在单元格的右侧出现一个下拉箭头。单击 D1 单元格的下拉按钮，在下拉列表中取消"全选"按钮，然后选中"讲师"选项，单击"确定"按钮。

再次单击"筛选"命令，将取消自动筛选。

2. 高级筛选。筛选出 2010 年及以后毕业的硕士生。

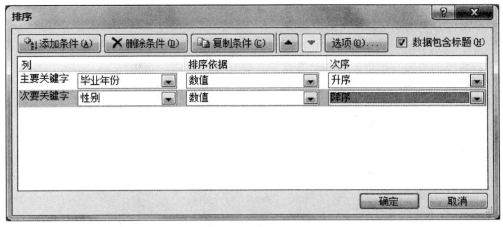

图 4-15 "排序"对话框

（1）设定筛选条件。在 D23 和 E23 单元格中分布输入"毕业年份""学历"，在 D24 和 E24 中分布输入"＞＝2010""硕士"。

（2）单击数据清单中的任一单元格，在"数据"选项卡的"排序和筛选"组中，单击"高级"命令，弹出"高级筛选"对话框。选择如图 4-16 所示的设置，单击"确定"，结果如图 4-17 所示。

图 4-16 "高级筛选"对话框

	A	B	C	D	E	F	G	H	I	J	K	L	M
10	张艳	女	本科	法律	2010	金融							
11	蒙晓霞	女	硕士	计算机	2010	计算机							
12	陈剑	男	博士	英语	2010	英语							
13	许金瑜	男	本科	财会	2010	财会							
14	王海荟	女	本科	法律	2011	法律							
15	林巧莉	女	硕士	法律	2011	法律							
16	朱江	男	本科	计算机	2011	计算机							
17	陈妍妍	女	博士	计算机	2012	计算机							
18	黄娟	女	本科	英语	2013	英语							
19	林平	男	本科	计算机	2013	计算机							
20	陈平	男	本科	计算机	2013	计算机							
21	周丽萍	女	硕士	税务	2014	税务							
22													
23				毕业年份	学历		姓名	性别	学历	专业	毕业年份	应聘方向	
24				>=2010	硕士		蒙晓霞	女	硕士	计算机	2010	计算机	
25							林巧莉	女	硕士	法律	2011	法律	
26							周丽萍	女	硕士	税务	2014	税务	

图 4-17 高级筛选结果示例

（三）分类汇总

统计报名表中各种学历的人员分别有多少人。

1. 先对分类字段进行排序。单击 C 列中的任意一个单元格，在"数据"选项卡的"排序和筛选"组中，单击"升序"按钮（或"降序"按钮）。

2. 在"数据"选项卡的"分级显示"组中，单击"分类汇总"命令，弹出"分类汇总"对话框。选择"分类字段"为"学历""汇总方式"为"计数""汇总项"为"姓名"，单击"确定"，结果如图 4 – 18 所示。

		A	B	C	D	E	F	G
	2	郭巧凤	女	本科	金融	2008	金融	
	3	张艳	女	本科	法律	2010	金融	
	4	许金瑜	男	本科	财会	2010	财会	
	5	王海蓉	女	本科	法律	2011	法律	
	6	朱江	男	本科	计算机	2011	计算机	
	7	黄娟	女	本科	英语	2013	英语	
	8	林平	男	本科	计算机	2013	计算机	
	9	陈平	男	本科	计算机	2013	计算机	
	10	8		本科 计数				
	11	陈剑	男	博士	英语	2010	英语	
	12	陈妍妍	女	博士	计算机	2012	计算机	
	13	2		博士 计数				
	14	符瑞聪	女	硕士	税务	2008	税务	
	15	韩文静	女	硕士	税务	2009	税务	
	16	符晓	女	硕士	英语	2009	英语	
	17	蒙晓霞	女	硕士	计算机	2010	计算机	
	18	林巧莉	女	硕士	法律	2011	法律	
	19	周丽萍	女	硕士	税务	2014	税务	
	20	6		硕士 计数				
	21	李道健	男	专科	英语	2003	英语	
	22	覃业俊	男	专科	英语	2004	英语	
	23	张耀炜	男	专科	财会	2005	财会	
	24	朱珊	女	专科	金融	2006	金融	
	25	4		专科 计数				
	26	20		总计数				

图 4 – 18 分类汇总结果

（四）图表操作

1. 根据"汇总表"中的数据创建一个嵌入式的饼图图表，反映毕业生中不同学历所占比重。

（1）依次单击汇总表左侧的减号，使源数据变为如图 4 – 19 所示。

（2）依据统计数据在 A29: B33 区域内建立数据清单，如图 4 – 20 所示。

（3）选定 A29: B33，在"插入"选项卡的"图表"组中，单击"饼图"下拉按钮，在列表中选择"三维饼图"，结果如图 4 – 21 所示。

1 2 3		A	B	C	D	E	F
	1	姓名	性别	学历	专业	毕业年份	应聘方向
	10	8		本科 计数			
	13	2		博士 计数			
	20	6		硕士 计数			
	25	4		专科 计数			
	26	20		总计数			
	27						

图 4-19　汇总表收缩

	学历	就业人数
29	学历	就业人数
30	本科	8
31	硕士	2
32	博士	6
33	专科	4

图 4-20　数据清单

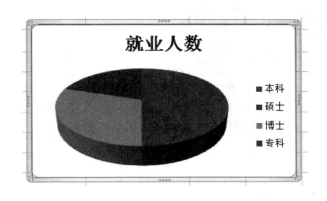

图 4-21　三维饼图

（4）在图表中添加数据。单击图表，在"图表工具—布局"选项卡中的"标签"组单击"数据标签"按钮，在列表中选择"其他数据标签选项"，在弹出的"设置数据标签格式"对话框中的标签栏选中"百分比"，标签位置栏选中"数据标签内"，如图 4-22 所示。结果如图 4-23 所示。

2. 打开"销售情况表.xlsx"，进行如下操作：

（1）创建柱形图。选定 A3：E8 区域，在"插入"选项卡的"图表"组中，单击"柱形图"下拉按钮，在列表中选择"三维簇状柱形图"，结果如图 4-24 所示。

（2）添加标题，设置图表布局。单击图表，在"图表工具—布局"选项卡中的"标签"组单击"图表标题"按钮，在列表中选择"图表上方"，系统自动在图表上方插入文本"图表标题"，将文本修改为"电视机销售额统计"。在"图表工具—设计"选项卡中的"图表布局"组单击"布局 2"按钮，结果如图 4-25 所示。

（3）创建折线图。选定 A3：E5 区域，在"插入"选项卡的"图表"组中，单击"折线图"下拉按钮，在列表中选择"带数据标记的折线图"，结果如图 4-26 所示。图中可以比较不同城市在不同季度的销售金额。

图4-22 "设置数据标签格式"对话框

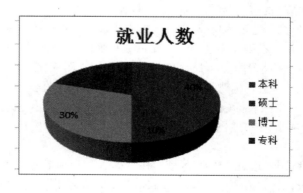

图4-23 添加数据标签结果示例

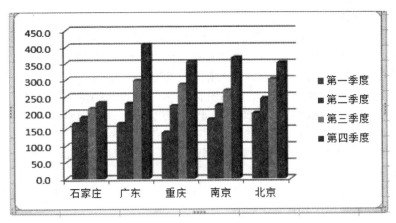

图 4 – 24　柱形图

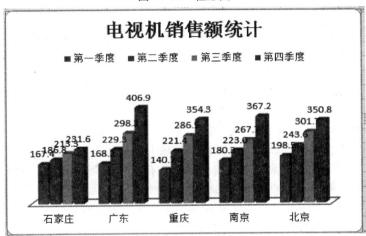

图 4 – 25　柱形图

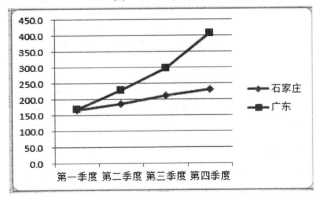

图 4 – 26　折线图

四、实验分析及知识拓展

Excel 数据清单与数据库的部分操作相同，如排序、筛选分类汇总等，实现数据的快速查找及统计处理。图表可以更加直观地反映事物及其数据之间的关系及差别，不同类型的图表具有不同的特点，常用的图表类型特点如下：

1. 柱形图：柱形图是 Excel 默认的图表类型，用长条显示数据点的值。用来显示一段时间内数据的变化或者各组数据之间的比较关系。通常横轴为分类项，纵轴为数值项。

2. 条形图：类似于柱形图，强调各个数据项之间的差别情况。纵轴为分类项，横轴为数值项，这样可以突出数值的比较。

3. 折线图：将同一系列的数据在图中表示成点并用直线连接起来，适用于显示某段时间内数据的变化及其变化趋势。

4. 饼图：只适用于单个数据系列间各数据的比较，显示每一项占该系列数值总和的比例关系。

5. XY 散点图：用于比较几个数据系列中的数值，也可以将两组数值显示为 xy 坐标系中的一个系列。它可按不等间距显示出数据，有时也称为簇。多用于科学数据分析。

Excel 从网页上获取数据的功能，可以将网页上的数据导入 Excel 表格中，不但节约了工作时间，而且提高了数据的准确性。

从网页中提取 Excel 表格，方法如下：

1. 新建一个空白工作簿，在"数据"选项卡的"获取外部数据"组中单击"自网站"按钮。弹出"新建 Web 查询"对话框，在"地址"栏中输入要导入数据的所在网址，单击"转到"按钮，会出现相应的数据网页。

2. 单击网页表格左上角的箭头按钮，箭头会变成绿色对号，提示选择表格成功，单击下面的"导入"按钮，如图 4 – 27 所示。

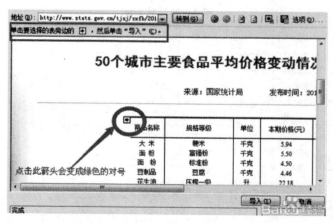

图 4 – 27 "新建 Web 查询"对话框

3. 在弹出的"导入数据"对话框中单击"确定"即可，如图4-28所示。

五、拓展作业

（一）实验素材

"实验素材\第4章\实验五\考研成绩表.xlsx"。

（二）实验任务

1. 将所有记录按照姓名笔画升序排列。

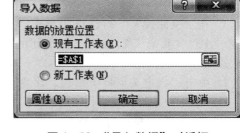

图4-28 "导入数据"对话框

2. 将所有人的英语成绩按照升序排列，如果英语成绩相同则按照政治升序排列。

3. 筛选出所有性别为男并且英语成绩大于80分的记录，然后取消自动筛选。

4. 建立高级筛选，筛选出专业课1的成绩在90分以上的男生的记录。

5. 按性别分别求出男女同学的各门功课的平均成绩。

6. 取消上述第5项操作。

7. 根据表中数据创建二维柱形图。

8. 在表中的最后添加一条记录"郭明明 男 94 83 82 81"，并将该变化反映到图表中。

 实验六 页面设置及打印

一、实验目的及实验任务

（一）实验目的

1. 掌握页边距、页眉页脚、工作表的设置方法；

2. 掌握打印区域的选择设置。

（二）实验任务

打开"人口统计表.xlsx"，进行页面设置及打印操作。

二、实验素材

"实验素材\第4章\实验六\人口统计表.xlsx"。

三、实验操作过程

（一）设置纸张大小

在"页面布局"选项卡的"页面设置"组中单击"纸张大小"下拉按钮，在下拉列表中选择"B5（JIS）"。

（二）设置页边距

单击"页面设置"组的对话框启动器，弹出"页面设置"对话框，在"页边距"选项卡中，将上下左右页边距均设置为2.4cm，页眉页脚为1.3cm，表格水平居中。

（三）设置页眉页脚

1. 在"页面设置"对话框中单击"页面/页脚"选项卡，单击"自定义页眉"按钮，出现"页眉"对话框，在中间的文本框中输入"人口数据统计表"，单击"确定"。

2. 单击"自定义页脚"按钮，出现"页脚"对话框，在中间的文本框中输入"第页，共页"，将光标移到"第"的后面，单击对话框中的"页码"按钮，光标移到"共"的后面，单击对话框中的"总页数"按钮。在右侧的文本框中输入"当前日期："，单击对话框中的"日期"按钮，单击"确定"。

（四）设置工作表

1. 在"页面设置"对话框中单击"工作表"选项卡，选择打印区域 A2：M24，则只打印表中选定的部分。

2. 单击"顶端标题行"编辑框，在工作表中选定第 2 行和第 3 行。单击"左端标题列"编辑框，输入"MYMA：MYMA"，单击"确定"。这样每一页都会打印标题行和标题列，如图 4－29 所示。

图 4－29 "页面设置"对话框

（五）打印设置

1. 选择"文件"选项卡→"打印"命令，如图4－30所示。

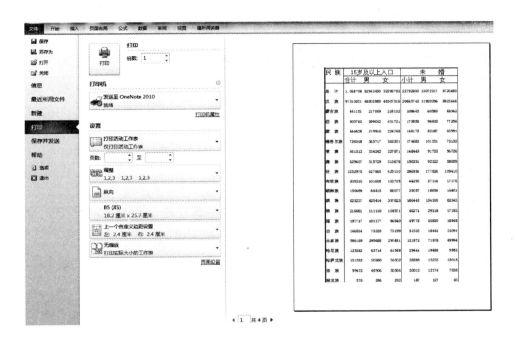

图4－30　打印设置

2. 打印份数、打印机属性、页数的设置方法与 Word 2010 相同。

（1）打印活动工作表：可以选择打印活动工作表、打印整个工作簿、打印选中区域。

（2）设置完毕，单击"打印"按钮进行打印。

四、实验分析及知识拓展

本实验主要使学生掌握页面设置及工作表的打印。

注意：在"页面设置"对话框中可以实现页眉/页脚的设置，这与 Word 的实现方式不同。

五、拓展作业

（一）实验素材

"实验素材\第4章\实验六\学生基本情况表.xlsx"。

（二）实验任务

1. 设置纸张为 A4，左、右边距均为 2cm，上、下边距均为 1.5cm，页眉、页脚设置为 1.7cm。

2. 设置页眉为"文学院学生基本情况表",页脚为页码和当前日期。

3. 设置打印区域为 A1: J16,设置"打印标题"的"顶端标题行"为第一行。

4. 将打印份数设为 3 份。

 实验七 Excel 2010 综合实验 ....

一、实验目的及实验任务

（一）实验目的

通过本实验,掌握 Excel 2010 中的常用函数及常用操作,培养学生利用 Excel 实现电子表格数据统计与分析的能力。

（二）实验任务

根据所学知识,对职工工资表进行格式化、数据计算、建立图表、排序、分类汇总等操作。

二、实验素材

"实验素材 \ 第 4 章 \ 实验七 \ 职工工资表 . xlsx"。

三、实验操作过程

打开"职工工资表 . xlsx",进行如下操作:

（一）插入列

在 Sheet 1 的第 1 列的字段行输入"序号",在此列填充数字 1 ~ 16,在"物补"列右边插入"应发工资"列。

1. 单击 A4 单元格,输入"序号";单击 A5,输入"1",按下 Ctrl 键,同时按住鼠标左键拖动 A5 右下角的填充柄至 A20,即可在第一列输入数字序号。

2. 选择 G 列,右击,在弹出的快捷菜单中选择"插入",即可在"医疗"列左边插入新的一列。

3. 在 H4 单元格内输入"应发工资"。

（二）公式及函数的使用

计算出应发工资（职务工资、津贴、物补之和,保留 2 位小数）,应交税（职务工资≤3500 的,按职务工资的 5% 缴纳,职务工资 >3500 的,超出部分按职务工资的 10% 缴纳,保留 2 位小数）,以及实发工资（应发工资减去医疗、公积金、房租和应交税,保留 1 位小数）。

1. 在单元格 G5 内输入公式" = SUM（D5: F5）",按 Enter 键,拖动填充柄至 G20,或双击填充柄,计算出应发工资。

2. 选择单元格区域 H5: H20,在选定区域上右击,在弹出的快捷菜单中选择"设置单元格格式",打开"设置单元格格式"对话框。单击"数字"选项卡中的"数值",并设置"小数位数"为"2",单击"确定"。

3. 在单元格 K5 内输入公式 "= IF（D5 < = 3500，D5 * 0.05，3500 * 0.05 + （D5 - 3500）* 0.1）"，按 Enter 键，拖动填充柄至 K20，或双击填充柄，计算出应交税。

4. 选择单元格区域 K5：K20，在选定区域上右击，在弹出的快捷菜单中选择"设置单元格格式"，打开"设置单元格格式"对话框。单击"数字"选项卡中的"数值"，并设置"小数位数"为"2"，单击"确定"。

5. 在单元格 L5 内输入公式 "= G5 - H5 - I5 - J5 - K5"，按 Enter 键，拖动填充柄至 L20，或双击填充柄，计算出实发工资。

6. 选择单元格区域 L5：L20，在选定区域上右击，在弹出的快捷菜单中选择"设置单元格格式"，打开"设置单元格格式"对话框。单击"数字"选项卡中的"数值"，并设置"小数位数"为"1"，单击"确定"。

（三）数据复制

将 Sheet 1 中 A4：L20 区域的数据复制到 Sheet 3，并在工作簿的最后添加一个 Sheet 1 的副本。

1. 选择单元格区域 A4：L20，按组合键 Ctrl + C。或者单击"开始"选项卡，在"剪贴板"组中单击"复制"命令。

2. 单击工作表标签 Sheet 3，选择单元格 A1，按组合键 Ctrl + V。或者单击"开始"选项卡，在"剪贴板"组中单击"粘贴"命令。

3. 右击工作表标签 Sheet 1，在弹出的快捷菜单中选择"移动或复制工作表"，弹出"移动或复制工作表"对话框，在该对话框中选择位置"移至最后"，选择"建立副本"复选框，单击"确定"，则在 Sheet 3 后面出现一个 Sheet 1 的副本 Sheet 1（2）。

（四）设置条件格式，将职务工资用红色渐变数据条填充

选择单元格区域 D5：D20，在"开始"选项卡的"样式"组中，单击"条件格式"下拉按钮，在其下拉列表中选择"数据条"→"渐变填充"→"红色数据条"，如图 4-31 所示。

（五）格式化表格

将表格的标题在前两行居中。设置表格中的非数值型数据水平居中、垂直居中（不包括标题"某高校职工工资"），数值型数据左对齐（序号字段除外），整个表格（除标题外）加粗线外框，奇数行、偶数行设置不同颜色。

1. 选定单元格区域 A1：L2，在"开始"选项卡的"对齐方式"组中，单击"合并后居中"按钮。

2. 选定单元格区域 A4：N4，按住 Ctrl 键，选定 B5：C20，在所选区域上右击，在快捷菜单中选择"设置单元格格式"，在弹出的"设置单元格格式"对话框中选择"对齐"选项卡，在"文本对齐方式"中设置"水平对齐"和"垂直对齐"均为"居中"，如图 4-32 所示，单击"确定"。

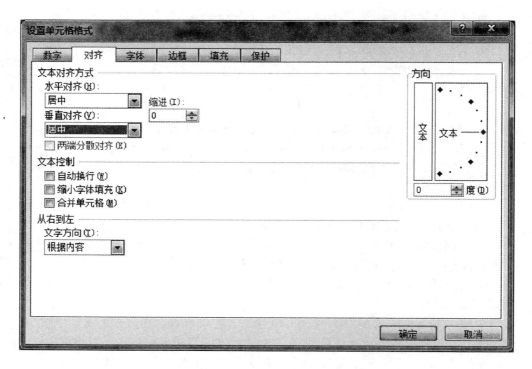

图4-31 条件格式设置示例

图4-32 "设置单元格格式"对话框

3. 拖动鼠标选择 D5：L20 区域，在"开始"选项卡的"对齐方式"组中，单击"文本左对齐"按钮。

4. 选择单元格区域 A4：L20 右击，在快捷菜单中选择"设置单元格格式"，弹出"单元格格式"对话框。单击"边框"选项卡，在"线条样式"中选择粗线，单击"预设"中的"外边框"，单击"确定"。

5. 选择 A4：L20，单击"开始"选项卡，在"样式"组中单击"条件格式"按钮，选择"新建规则"。在弹出的"新建格式规则"对话框中选择"使用公式确定要设置格式的单元格"，在下面的文本框中输入公式"＝MOD（ROW（），2）＝1"，如图 4–33 所示，单击"格式"按钮，在弹出的"设置单元格格式"对话框中单击"填充"选项卡，选择填充的背景色，单击"确定"。这样就设置好了奇数行的填充颜色。重复上述操作，将公式改为"＝MOD（ROW（），2）＝0"，设置偶数行的填充颜色。

图 4–33　"新建格式规则"对话框

（六）分析数据

在 Sheet 3 中筛选出房租在 300 元以下的职工记录，对所有职工按职称对职务工资求平均值，将 Sheet 3 更名为"汇总表"。

1. 单击工作表标签"sheet 3"，单击表中数据清单的任一单元格，单击"开始"选项卡，在"排序和筛选"组中单击"筛选"命令，对数据进行自动筛选。从"房租"下拉列表中选择"数字筛选"→"小于",弹出"自定义自动筛选方式"对话框,在"小于"组合框后面输入"300",如图 4 – 34 所示,单击"确定"。

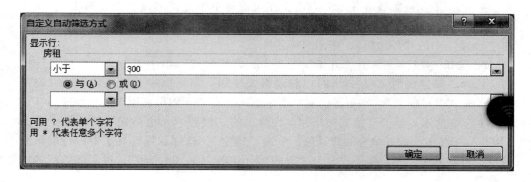

图 4 – 34   "自动筛选"对话框

2. 单击"开始"选项卡,在"排序和筛选"组中单击"筛选"命令,取消自动筛选。

3. 在数据清单的 C 列中任意一个单元格上单击,在"数据"选项卡的"排序和筛选"组中,单击"升序"按钮,将数据清单中的记录按照职称排序。

4. 在"数据"选项卡的"分类显示"组中,单击"分类汇总"命令,弹出"分类汇总"对话框。选择"分类字段"为"职称","汇总方式"为"平均值","汇总项"为"职务工资",单击"确定",结果如图 4 – 35 所示。

		序号	姓名	职称	职务工资	津贴	物补
	1						
	2	1	蒙小霞	副教授	3987	200	146
	3	3	郭巧云	副教授	3989	160	176
	4	4	陈妍妍	副教授	4058	205	187
	5	9	林 平	副教授	4094	205	187
	6	13	周丽萍	副教授	3958	160	176
	7			副教授 平均值	4017.2		
	8	7	覃业俊	讲师	2989	155	155
	9	8	朱 珊	讲师	2930	160	176
	10	11	符 晓	讲师	3030	200	146
	11	12	朱 江	讲师	3094	155	155
	12	16	符瑞聪	讲师	2930	155	146
	13			讲师 平均值	2994.6		
	14	2	韩文静	教授	5651	155	155
	15	5	许金瑜	教授	5322	265	166
	16	6	林巧丽	教授	5486	200	146
	17	14	张耀伟	教授	5322	205	187
	18			教授 平均值	5445.25		
	19	10	李道建	助教	2266	265	166
	20	15	张 艳	助教	2296	265	166
	21			助教 平均值	2281		
	22			总计平均值	3837.625		

图 4 – 35   分类汇总结果

（七）建立图表

根据"汇总表"中的数据创建一个嵌入式的折线图图表。

1. 依次单击"汇总表"左侧的减号，使源数据变为如图 4 – 36 所示。

1 2 3	A	B	C	D
1 序号		姓名	职称	职务工资
7			副教授 平均值	4017.2
13			讲师 平均值	2994.6
18			教授 平均值	5445.25
21			助教 平均值	2281
22			总计平均值	3837.625

图 4 – 36　汇总表收缩

2. 选择收缩后的单元格区域 C1：D21 共 10 个单元格，在"插入"选项卡的"图表"组中，单击"折线图"下拉按钮，在列表中选择"折线图"，结果如图 4 – 37 所示。

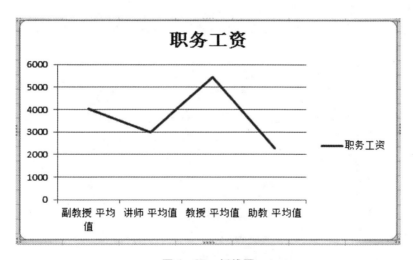

图 4 – 37　折线图

四、实验分析及知识拓展

本实验通过使用 Excel 2010 解决现实中的实际问题，提高学生利用 Excel 对数据进行处理的能力。

拓展训练

一、实验素材

"实验素材\第4章\拓展训练\×××年全国法院审理青少年犯罪情况统计表.xlsx"。

二、实验内容

1. 将工作表 Sheet 1 重命名为"犯罪统计表"。

2. 将工作表"犯罪统计表"复制一份放到 Sheet 3 后面,并将其隐藏。

3. 设置工作表"犯罪统计表"的标题格式为楷体、22号、蓝色,并在表格中水平居中,将标题行所有字段名设置为宋体、14号、加粗、水平和垂直方向均居中。

4. 在 B13 单元格中计算出立案总数。

5. 计算每类案件的立案数量占总数的百分比,将结果使用百分数形式显示,保留两位小数。

6. 为表格除标题行外的所有部分添加细边框线。

7. 将表中记录按照立案数量升序排列。

8. 根据"案件类别"和"占合计百分比"制作饼状图,结果如图4-38所示。

图4-38 操作结果

综合练习

一、单项选择题

1. Excel 2010 的工作表中，下列单元格地址中，不正确的为_____。

A. AMYM5　　　　B. A5　　　　　　C. AMYM5MYM　　　　　　D. MYMAMYM5

2. Excel 2010 的 D5 单元格中放置 A1，A2，B1，B2 四个单元格的平均值，正确的写法是_____。

  A. = AVERAGE（A1 B2）　　　　　　B. = AVERAGE（A1，A2，B1，B2）

  C. = A1 + A2 + B1 + B2/4　　　　　　D. = AVERAGE（A1，B2）

3. 关于 Excel 的数据图表，下列说法中，正确的是_____。

A. 产生图表的数据源只能按列引用

B. 产生图表的数据源可以是工作表的部分或者全部数据

C. 工作表数据和相应图表必须放在同一个工作表中

D. 当图表的数据变动时，与其相关的工作表数据会自动更新

4. 在 Excel 2010 中，按一个关键字段的大小排序，下列方法中，不正确的有_____。

  A. 单击关键字段所在列的任一单元格，使用"开始"选项卡"编辑"组中的"排序和筛选"→"升序"或"降序"命令

  B. 单击关键字段所在列的任一单元格，使用"数据"选项卡"排序和筛选"组中的"升序"或"降序"命令

  C. 单击关键字段所在列的任一单元格，右击，在弹出的快捷菜单中选择"排序"→"升序"或"降序"命令

  D. 必须选中关键字段所在列，然后使用"数据"选项卡"排序和筛选"组中的"升序"或"降序"命令

5. 在 Excel 2010 中，对数据进行排序时，所谓降序，是指_____。

  A. 逻辑值 TRUE 放在 FALSE 前　　　　B. 字母按从 A 到 Z 的顺序排列

  C. 数字从最小负数到最大正数　　　　　D. 日期和时间由最早到最近排列

6. 在 Excel 2010 中，在"设置单元格格式"对话框中，不可进行的操作是_____。

  A. 设置单元格的修改密码

  B. 对单元格的数据进行方向的格式设置

  C. 设置字体、字形、字号

  D. 对各种类型的数据进行相应的显示格式设置

7. 在 Excel 2010 中，作为数据库管理用的数据清单，下列说法中，正确的是_____。

A. 在工作表中建立的任何一个表格就是一张数据清单

B. 数据清单中可以有空行或空列

C. 数据清单中可以有完全相同的记录

D. 数据清单中不能有合并的单元格

8. 关于输入文本型数据，下列说法中，错误的是_____。

A. 若输入的首字符是等号，则必须先输入一个单引号

B. 若要输入文本型数字，则必须先输入一个单引号

C. 输入后右对齐显示

D. 字母、汉字可直接输入

9. 在 Excel 中，下列叙述中，错误的是_____。

A. Excel 是一种表格式数据综合管理与分析系统，并实现了图、文、表的完美结合

B. 要将表格的前三列冻结，应选定 D 列，然后选择"视图"选项卡"窗口"组"冻结窗格"→"冻结拆分窗格"命令

C. Excel 对汉字的排序可以采用按笔画排序

D. 在 Excel 中，图表一旦建立，其标题的字形是不可改变的

10. 在 Excel 2010 中，下列关于图表的说法中，正确的是_____。

A. 不能删除数据系列　　　　　　　　　B. 可以移动嵌入图表

C. 不允许更改图表类型　　　　　　　　D. 可以在图表中修改数据

11. 在 Excel 2010 中，默认状态下，单元格中左对齐的是_____。

A. 字符型数据　　　B. 数值型数据　　　C. 日期型数据　　　D. 时间型数据

12. 下列符号中，不属于单元格引用运算符的有_____。

A. 冒号（:）　　　B. 逗号（,）　　　　C. 分号（;）　　　　D. 空格

13. 要完全关闭整个 Excel 2010 程序，下列方法中，正确的是_____。

A. 单击"文件"选项卡，单击"退出"按钮

B. 单击窗口左上角 Excel 2010 图标，并单击下拉菜单中的"关闭"命令

C. 双击窗口左上角 Excel 2010 图标

D. 按 Ctrl + F4 组合键

14. 在 Excel 2010 中，当公式中以零做分母时，将在单元格中显示_____。

A. #N/A　　　　　B. #VALUE　　　　　C. #NUM!　　　　　D. #DIV/0!

15. 在 Excel 2010 中，希望只显示"学生成绩表"中数学 >85 的记录，可以使用_____命令。

A. "条件格式"　　　　　　　　　　B. "筛选"

C. "数据有效性"　　　　　　　　　　D. "排序"

16. Excel 2010 一张工作表所包含的由行和列构成的单元格个数为_____。

A. 8192×256　　　B. 65536×256　　　C. 16384×1048576　　　D. 32768×256

17. 默认格式下，在 Excel 工作的单元格中输入公式"＝50＞30"的结果是＿＿＿＿＿。

A.＝50＞30　　　　B. 50＞30　　　　　　C. True　　　　　　　　D. False

18. ＿＿＿＿＿是一个由行和列交叉排列的二维表，用于组织和分析数据。

A. 工作簿　　　　　B. 工作表　　　　　　C. 单元格　　　　　　D. 数据清单

19. 在 Excel 2010 中，下列说法中，不正确的是＿＿＿＿＿。

A. Excel 的工作表以文件的形式存在磁盘上

B. Excel 的工作簿以文件的形式存在磁盘上

C. 一个工作簿可以包含多个工作表

D. 一个工作簿打开的默认工作表数目可以由用户自定，但数目必须是 1~255 个

20. 在 Excel 2010 中，在单元格中输入分数"2/11"，输入方法是＿＿＿＿＿。

A. 先输入"0"及一个空格，然后输入"2/11"

B. 直接输入"2/11"

C. 先输入一个单引号"'"，然后输入"＝2/11"

D. 在编辑栏中输入"2/11"

21. 在 Excel 2010 中，下列关于公式"Sheet 2！B1＋B2"的表述中，正确的是＿＿＿＿＿。

A. 将工作表 sheet 2 中 B1 单元格的数据与本工作表单元格 B2 中的数据相加

B. 将工作表 sheet 2 中 B1 单元格的数据与单元格 B2 中的数据相加

C. 将工作表 sheet 2 中 B1 单元格的数据与工作表 sheet 2 中单元格 B2 中的数据相加

D. 将工作表中 B1 单元格的数据与单元格 B2 中的数据相加

22. 在 Excel 2010 中，仅仅删除单元格的内容可以＿＿＿＿＿。

A. 在选定该单元格后单击"开始"选项卡，在"单元格"组中单击"删除"→"删除单元格"。

B. 在选定该单元格后单击"开始"选项卡，在"编辑"组中单击"清除"→"全部清除"

C. 右键单击该单元格在快捷菜单中单击"清除内容"

D. 以上都不对

23. 在 Excel 中输入身份证号码时，应首先将单元格数据类型设置为＿＿＿＿＿，以保证数据的准确性。

A."数据"　　　　B."文本"　　　　　C."视图"　　　　　D."日期"

24. 在 Excel 工作表中，向单元格中输入"0 3/4"后，在编辑框中显示出的数据应该是＿＿＿＿＿。

A. 3/4　　　　　　B. 3 月 4 日　　　　C. 0 3/4　　　　　　D. 0.75

25. 在 Excel 2010 工作表中，单元格区域 B2：F6 所包含的单元格个数

是_____。

    A. 16   B. 25   C. 20   D. 30

26. 在 Excel 2010 中，下列关于日期时间型数据的输入方法中，正确的是_____。

    A. 要想在单元格显示"1 月 2 日"，可以在其中输入"2－1"或者"2/1"，然后按回车键

    B. 要想在单元格内插入系统当前日期，可以按 Ctrl＋Shift＋；（分号）组合键

    C. 要想在单元格输入 2012 年 10 月 22 日，在其中输入"10/22/2012"也可以

    D. 以上说法都不对

27. 在 Excel 2010 中，下列公式中，单元格地址属于绝对引用方式的是_____。

    A. ＝MYMAMYM5＋MYMEMYM8

    B. ＝AVERAGE（BMYM2：DMYM4）

    C. ＝RANK（E3，MYMEMYM3：MYMEMYM10）

    D. ＝MIN（MYMF3：MYMG11）

28. 在 Excel 2010 中，单元格区域 A3：C5 和 B4：D7 输入相同的数值数据 1，输入公式"＝SUM（A3：C5，B4：D7）"，按回车键后，结果为_____。

    A. 17   B. 4   C. 21   D. 20

29. 在 Excel 2010 中，单元格区域 A3：C5 和 B4：D7 输入相同的数据值数据 1，输入公式"＝SUM（A3：C5 B4：D7）"，按回车键后，结果为_____。

    A. 21   B. 4   C. 17   D. 20

30. 在 Excel 2010 的自动筛选中，各列的筛选条件之间的关系是_____。

    A. 与   B. 或   C. 没关系   D. 非

31. 对 Excel 工作表的数据进行分类汇总前，必须先按分类字段进行_____。

    A. 自动筛选   B. 排序   C. 检索   D. 查询

32. 在 Excel 2010 中，最多能依据_____个字段（列）对数据清单进行排序。

    A. 7   B. 32   C. 64   D. 不受限制

33. 在 Excel 2010 工作表中，某单元格的编辑区输入（12），单元格内将显示_____。

    A. 12   B. （12）   C. －12   D. 120

34. 在 Excel 2010 中，在 A1 单元格中输入"计算机文化基础"，在 A2 单元格中输入"Excel"，在 A3 单元格中输入"＝A1&A2"，结果为_____。

    A. 计算机文化基础 & Excel   B. "计算机文化基础"&"Excel"

    C. 计算机文化基础 Excel   D. 以上都不对

35. 在 Excel 2010 中，运算符 & 表示_____。

    A. 逻辑值的与运算   B. 子字符串的比较运算

C. 数值型数据的无符号相加 D. 字符型数据的连接

36. 在 Excel 2010 中，利用填充柄可以将数据复制到相邻单元格中，若选择含有不同数值的左右相邻的两个单元格，左键拖动填充柄，则数据将以_____填充。

A. 等差数列 B. 等比数列

C. 左单元格数值 D. 右单元格数值

37. 在 Excel 中，设 E 列单元格存放工资总额，F 列用以存放实发工资，其中，当工资总额 >1600 时，实发工资 = 工资总额 –（工资总额 – 1600）＊税率；当工资总额 < = 1600 时，实发工资 = 工资总额。设税率 = 0.05，则 F 列可根据公式实现。其中，F2 的公式应为_____。

A. = IF（"E2 > 1600"，E2 –（E2 – 1600））＊ 0.05，E2）

B. = IF（E2 > 1600，E2，E2 –（E2 – 1600）＊ 0.05）

C. = IF（E2 > 1600，E2 –（E2 – 1600）＊ 0.05，E2）

D. = IF（"E2 > 1600"，E2，E2 –（E2 – 1600）＊ 0.05）

38. 在 Excel 2010 的某个单元格中输入文字，若文字长度较长而列宽为固定值时，可利用"单元格格式"对话框中的_____选项卡，实现文字自动换行。

A. 图案 B. 数字 C. 对齐 D. 字体

39. 在 Excel 2010 中，图表是按工作表中的数据进行绘制的，当工作表中的数据发生变化时，已经制作好的图表_____。

A. 自动消失，必须重新制作

B. 仍保存原样，必须重新制作

C. 会发生不可预测的变化，必须重新制作

D. 会自动随着改变，不必重新制作

40. 在 Excel 工作表的单元格 A5 中有公式" = BMYM3 + C1"，将 A5 单元格的公式复制到 C7 单元格内，则 C7 单元格内的公式是_____。

A. = BMYM5 + E3 B. = DMYM3 + C1

C. = DMYM3 + E3 D. = DMYM5 + E3

41. 如果要在单元格中输入现在的时间，则选中单元格后，按_____。

A. Ctrl + :（冒号） B. Ctrl + ;（分号）

C. Ctrl + Tab D. Ctrl + Shift + ;（分号）

42. 在 Excel 中，若单元格中出现#N/A，这是指在函数或公式中_____时产生的错误信息。

A. 被 0 除 B. 被 0 乘 C. 无可用数值 D. 以上都不对

43. 如果某单元格显示为若干个"#"号（如#######），这表示_____。

A. 公式错误 B. 列宽不够 C. 行高不够 D. 数据错误

44. 若多个被选中的单元格都有数据，则单击"合并及居中"按钮后，_____。

A. 保留所有单元格的数据　　　　　　　B. 保留左上角单元格的数据

C. 保留右上角单元格的数据　　　　　　D. 清除所有单元格的数据

45. 在 Excel 单元格中输入 "＝AVERAGE（2，4，6）＞2" 并按回车键，则单元格显示_____。

A. TRUE　　　　B. 4　　　　　　C. 10　　　　　　D. 出错

46. 在 Excel 2010 中，下列关于排序的说法中，错误的是_____。

A. 可按多个关键字进行排序　　　　　　B. 可以按日期进行排序

C. 可以按行进行排序　　　　　　　　　D. 不可以自定义排序序列

47. 在 Excel 2010 中，给单元格添加批注时，单元格右上方出现_____表示已加入批注。

A. 红色方块　　　B. 红色三角形　　　C. 黑色三角形　　　D. 红色箭头

48. 在 Excel 数据清单中，按某一字段内容进行归类，并对每一类作出统计的操作是_____。

A. 分类排序　　　B. 分类汇总　　　C. 筛选　　　　D. 记录单处理

49. 在 Excel 2010 中，希望只显示数据清单"学生成绩表"中计算机文化基础课成绩大于等于90分的记录，可以使用_____命令。

A. 自动筛选　　　B. 查找　　　　C. 数据透视表　　　D. 全屏显示

50. 在 Excel 2010 中，对数据清单进行多重排序，_____。

A. 主要关键字和次要关键字都必须递增

B. 主要关键字和次要关键字都必须递减

C. 主要关键字或次要关键字都必须同为递增或递减

D. 主要关键字或次要关键字可以独立选定递增或递减

51. 下列关于 Excel 图表的数据源的叙述中，正确的是_____。

A. 可以修改图表的数据源　　　　　　　B. 图表的数据源必须是连续区域

C. 图表与对应数据源无关联　　　　　　D. 图表的数据源必须是数值型数据

52. Excel 中图表的类型有多种，其中，饼图最适合反映_____。

A. 各数值的大小　　　　　　　　　　　B. 总数值的大小

C. 各数值相对于总数值的大小　　　　　D. 各数值的变化趋势

53. 在 Excel 2010 中，下列日期型数据中，不可以输入的是_____。

A. 2014/SEP/5　　　B. 9/5　　　　C. 5－SEP　　　　D. SEP/5

54. 在 Excel 工作表操作中，可以将公式 "＝B1＋B2＋B3＋B4" 转换为_____。

A. "SUM（B1：B5）"　　　　　　　　B. "＝SUM（B1：B4）"

C. "＝SUM（B1：B5）"　　　　　　　　D. "SUM（B1：B4）"

55. 在 Excel 2010 工作簿中，下列有关移动和复制工作表的说法中，正确的是_____。

A. 工作表只能在本工作簿内移动但不能复制

B. 工作表只能在本工作簿内复制但不能移动

C. 工作表可以移动到其他工作簿内，不能复制到其他工作簿内

D. 工作表可以移动到其他工作簿内，也可复制到其他工作簿内

56. Excel 2010 中，下列关于运算符优先级的排列顺序中，正确的是_____。

A. *（乘）→ +（加）→ %（百分比）→ &（连接符）→ > =（大于等于）→ :（冒号）

B. :（冒号）→ *（乘）→ +（加）→ &（连接符）→ %（百分比）→ > =（大于等于）

C. :（冒号）→ ^（乘幂）→ /（除）→ +（加）→ &（连接符）→ > =（大于等于）

D. ^（乘幂）→ /（除）→ +（加）→ %（百分比）→ &（连接符）→ > =（大于等于）

57. 在 Excel 2010 中，若选择某数据列，右击，执行快捷菜单中的"删除"命令，则该列_____。

A. 仍留在原位置　　　　　　　　　B. 被右侧列填充

C. 被左侧列填充　　　　　　　　　D. 被移动

58. 在 Excel 2010 中，如果双击输入有公式的单元格或先选择单元格再按 F2 键，则单元格显示_____。

A. 公式结果　　　B. 空白　　　　C. 公式　　　　　　D. 操作提示

59. 在 Excel 2010 中，设 B1，B2，B3 分别输入了"星期三"，"5x"，"2014 – 12 – 31"，则下列可以进行计算的公式为_____。

A. = B1 + 2　　　　　　　　　　B. = B2 + 6x

C. = B3 + 2　　　　　　　　　　D. = B3& "2015 – 1 – 1"

60. 在 Excel 中，如果赋给一个单元格的值是 0.05245，使用"百分数"按钮来格式化，然后按两下"增加小数位数"按钮，这时所显示的内容为：_____。

A. 5.25%　　　　B. 0.05%　　　　C. 5.24%　　　　　D. 5.2450%

二、判断题

1. 在 Excel 2010 中，图表的系列可以产生在列上，也可以产生在行上。（　）

2. 筛选是只显示满足某些条件的记录，并不更改记录。（　）

3. 在 Excel 2010 中，百分比格式的数据单元格，删除格式后，数字不变，仅仅去掉百分号。（　）

4. 在 Excel 2010 中，允许同时在一个工作簿的多个工作表中输入数据。（　）

5. 文字连接符可以连接两个数值型数据。（　）

6. 在编辑栏内只能输入公式，不能输入数据。（　）

7. 在 Excel 2010 中，数据清单的第一行必须是文本类型。（　）

8. 在 Excel 2010 中进行单元格复制时，有可能复制出来的内容与原单元格不一致。（ ）

9. Excel 2010 中，可以用复制的方法调整行高和列宽。（ ）

10. 在 Excel 2010 中，新建的工作簿包含的工作表数目都是 3 个。（ ）

三、填空题

1. Excel 中快速复制数据格式，可以使用_____工具。

2. 在 Excel 中，筛选与排序不同，筛选不_____，只是_____不必显示的列。

3. 在 Excel 2010 中，如果在单元格中既输入日期又输入时间，则中间用_____隔开。

4. 在 Excel2010 中，文本运算符是_____，其功能是把两个字符连接起来。

5. Excel 对单元格的引用方式有三种，它们是_____、_____和_____。

6. Excel 中，公式 "＝COUNTIF（C2：C18，"＞1000"）" 的值为 6，其含义是_____。

7. Excel 中，在对数据进行分类汇总前，必须对数据进行_____操作。

8. Excel 工作表中单元格区域 C3：E5 共占据_____个单元格。

9. 在 Excel 的同一工作簿内，若 Sheet 2 工作表中引用 Sheet 1 工作表中的 E3 单元格，其书写方式是_____。

10. 在 Excel 2010 中，在多张工作表中选择相同区域，先在第一张工作表中选择一个区域，然后按住_____键选择其他的_____即可，并且在标题栏中会显示_____字样。

四、操作题

下载 "实验素材\第4章\综合练习\销售统计.xlsx"，完成以下题目：

1. 在第一行上方插入一新行，将 A1：H1 单元格区域合并并居中，输入标题为 "电视机销售情况统计表"，设置字体为黑体，20 磅，行高为 30。其他行的行高设置为 16，列宽设置为自动适应列宽。

2. 利用函数计算工作表中的总销售量和平均销售量。

3. 给 "第 1 季度" 单元格添加批注 "春节前数据未计入"。

4. 使用条件格式查找销售数据大于 4000 的单元格，设置为浅红色填充。

5. 将工作表 Sheet 1 命名为 "销售统计"。

6. 除首行标题外，其余内容加上边框，外边框为粗实线，内边框为细实线。

7. 删除工作表 Sheet 2。

8. 以各品牌在各季度的销售数据为数据源，在数据表的下方生成一个二维簇状柱形图，图表设计布局为 "布局 3"，图表标题为 "销售情况比较图示"，图表高度为 8cm，宽度为 15cm。

第5章 演示文稿软件 PowerPoint 2010

实验一 创建演示文稿

一、实验目的及实验任务

（一）实验目的

通过本实验，掌握演示文稿的创建、保存、放映的方法，掌握在幻灯片中插入剪贴画、艺术字等对象的方法。

（二）实验任务

下载实验素材，制作"大学生学习计划.pptx"。

二、实验所需素材

"下载素材文件：实验素材\第5章\实验一"。

三、实验内容

1. 利用主题创建演示文稿，在主题列表中选择"波形"样式。

2. 标题为"大学生学习计划"，标题格式为：楷体、66号、加粗、居中对齐。

3. 在第一张幻灯片的右下角，插入一个"职业"类的剪贴画。

4. 插入第2张和第3张幻灯片，版式为"标题和内容"，分别输入内容。

5. 插入第4张幻灯片，版式为"比较"，输入内容。

6. 插入第5张幻灯片，版式为"空白"，插入艺术字，样式为"渐变填充 – 蓝色，强调文字颜色1"，内容为"聪明出于勤奋，天才在于积累"。

7. 将演示文稿保存在桌面上，文件名为"大学生学习计划.pptx"。

8. 放映演示文稿，观察放映效果。

四、实验操作过程

1. 利用主题创建演示文稿，在主题列表中选择"波形"样式。

（1）启动 PowerPoint 2010，选择"文件"→"新建"命令，在"可用的模板和主题"列表中，选择"主题"，如图 5 – 1 所示。

（2）在展开的"主题"列表中选择"波形"，然后单击右侧的"创建"按钮，如图 5 – 2 所示。

2. 标题为"大学生学习计划"，标题格式为：楷体、66号、加粗、居中对齐。

（1）在占位符"单击此处添加标题"处单击，输入主标题文本"大学生学习计划"。

图 5-1 "新建"命令

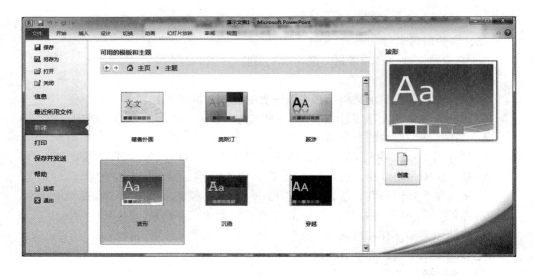

图 5-2 "主题"列表

（2）选择标题文字，在"开始"选项卡的"字体"组里，选择"楷体""66"，单击"加粗"按钮；在"段落"组里，单击"居中"按钮。

3. 在第一张幻灯片的右下角，插入一个"职业"类的剪贴画。

（1）单击"插入"选项卡"图像"组中的"剪贴画"命令，打开剪贴画任务窗格。

（2）在"搜索文字"文本框中输入关键词"职业"，单击"搜索"按钮，选择合适的剪贴画，单击剪贴画将其插入到幻灯片中，然后移动到合适位置，如图 5-3 所示。

图 5 - 3　插入剪贴画

4. 插入第 2 张和第 3 张幻灯片，版式为"标题和内容"，分别输入内容。

单击"开始"选项卡"幻灯片"组里的"新建幻灯片"的下拉按钮，从下拉列表里选择"标题和内容"项，依次创建第 2、3 张幻灯片。

5. 插入第 4 张幻灯片，版式为"比较"，输入内容。

单击"开始"选项卡"幻灯片"组里的"新建幻灯片"的下拉按钮，从下拉列表里选择"比较"项，创建第 4 张幻灯片，依次为第 2、3、4 张幻灯片输入内容，如图 5 - 4 所示。

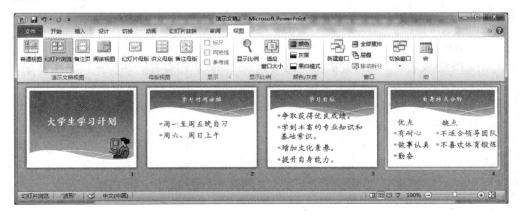

图 5 - 4　演示文稿各幻灯片内容

6. 插入第 5 张幻灯片，版式为"空白"，插入艺术字，样式为"渐变填充 – 蓝色，强调文字颜色 1"，内容为"聪明出于勤奋，天才在于积累"。

（1）单击"新建幻灯片"的下拉按钮，从下拉列表里选择"空白"项，创建第 5 张幻灯片。

（2）单击"插入"选项卡"文本"组中的"艺术字"，选择"渐变填充 – 蓝色，强调文字颜色 1"，如图 5 – 5 所示，并输入内容"聪明出于勤奋，天才在于积累"。

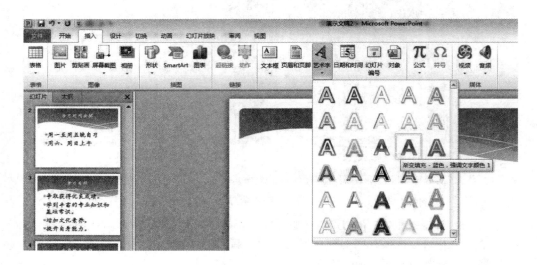

图 5 – 5　插入艺术字

7. 将演示文稿保存在桌面上，文件名为"大学生学习计划 . pptx"。

单击"文件"选项卡中的"保存"命令，在弹出的"另存为"对话框中的文件名处输入"大学生学习计划"，保存类型选择"PowerPoint 演示文稿"，单击"保存"按钮，完成操作。

8. 放映演示文稿，观察放映效果。

按 F5 键或选择"幻灯片放映"选项卡"开始放映幻灯片"组中的"从头开始"选项，启动全屏放映，屏幕上显示第一张幻灯片。单击鼠标可以切换到下一张幻灯片。放映至最后一张时，单击鼠标则结束放映回到 PowerPoint 主窗口。

五、实验分析及知识拓展

本实验主要让学生通过制作"大学生学习计划 . pptx"演示文稿，学会创建和保存演示文稿；掌握在演示文稿中新建幻灯片的方法；掌握在幻灯片中插入文本、剪贴画和艺术字等对象的方法；学会演示文稿的放映方法。

六、拓展作业

1. 打开"实验素材 \ 第 5 章 \ 实验一"中的"中国美景 . ppt"，将演示文稿主题设置为"聚合"。

2. 在第 1 张幻灯片的适当位置插入一个"景色"类的剪贴画。

3. 将第 2 张幻灯片中图片的大小调整为高 8 厘米、宽 13 厘米。

4. 将第 5 张幻灯片隐藏。

5. 放映演示文稿，观察放映效果。

实验二 插入对象

一、实验目的及实验任务

（一）实验目的

通过本实验，掌握在演示文稿中插入文本框、表格、音频、视频等对象的方法。

（二）实验任务

根据提供的实验素材，制作"市场调查报告 . pptx"。

二、实验所需素材

下载素材文件"实验素材 \ 第 5 章 \ 实验二"。

三、实验内容

1. 打开"市场调查报告 . pptx"，在第 1 张幻灯片的副标题下方插入一个文本框，输入"2017 年前三季度"。

2. 在第 1 张幻灯片中插入素材中的"同一首歌 . mp3"，将音量设置为"中"，播放设置为"放映时隐藏"和"循环播放，直到停止"，跨幻灯片播放。

3. 在第 2 张幻灯片中插入一个 5 行 4 列的表格，然后输入内容。

4. 根据表格中的内容，在第 3 张幻灯片中插入一个"簇状柱形图"，将图表的高度设置为 9 厘米，宽度设置为 19 厘米。在图表上方插入图表标题，内容为"销售情况表"。

5. 在第 4 张幻灯片中插入一个"不定向循环"类的 SmartArt 图形。

四、实验操作过程

1. 打开"市场调查报告 . pptx"，在第 1 张幻灯片的副标题下方插入一个文本框，输入"2017 年前三季度"。

（1）选择第 1 张幻灯片，单击"插入"选项卡"文本"组中的"文本框"命令的下拉按钮，在弹出的下拉列表中选择"横排文本框"。

（2）在副标题下方拖动鼠标，然后在文本框中输入"2017 年前三季度"。

2. 在第 1 张幻灯片中插入素材中的"同一首歌 . mp3"，将音量设置为"中"，播放设置为"放映时隐藏"和"循环播放，直到停止"，跨幻灯片播放。

（1）单击"插入"选项卡"媒体"组中的"音频"命令的下拉按钮，在弹出的下拉列表中选择"文件中的声音"，如图 5 - 6 所示。

图 5 – 6   插入音频

（2）在弹出的"插入音频"对话框中，选择素材中的"同一首歌.mp3"，单击"插入"按钮，如图 5 – 7 所示。

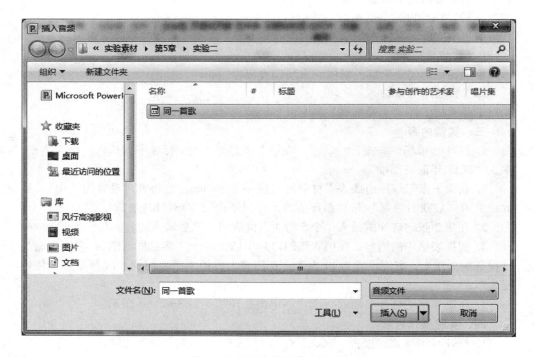

图 5 – 7   "插入音频"对话框

（3）此时幻灯片中会显示声音播放对象，单击"播放/暂停"按钮，就可以播放插入的声音，如图 5 – 8 所示。

（4）选择"音频工具—播放"选项卡，在"音频选项"组中单击"音量"按钮，在弹出的下拉列表中选择"中"，选中"放映时隐藏"和"循环播放，直到停止"复选框，在"开始"下拉列表框中选择"跨幻灯片播放"，如图 5 – 9 所示。

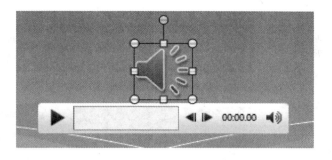

图5-8 声音播放对象

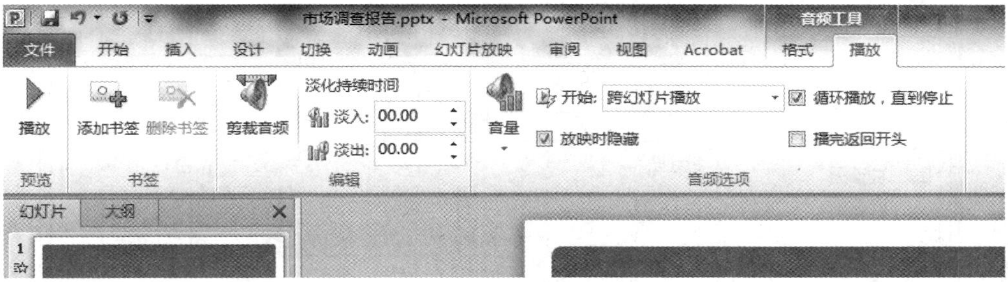

图5-9 音频工具

3. 在第2张幻灯片中插入一个5行4列的表格, 然后输入内容。

（1）选择第2张幻灯片, 在"插入"选项卡"表格"组中单击"表格"按钮, 执行"插入表格"命令。

（2）在弹出的"插入表格"对话框中输入"列数: 4, 行数: 5", 单击"确定"按钮, 然后输入表格内容, 如图5-10所示。

	第一季度（台）	第二季度（台）	第三季度（台）
山东省	9715	9830	9350
河北省	8520	8635	8550
山西省	8590	8650	8935
江苏省	7590	7615	7950

图5-10 表格内容

4. 根据表格中的内容, 在第3张幻灯片中插入一个"簇状柱形图", 将图表的高度设置为9厘米, 宽度设置为19厘米。在图表上方插入图表标题, 内容为"销售情况表"。

（1）选中刚插入的表格中的所有文本，执行"复制"命令。选择第 3 张幻灯片，单击"插入"选项卡"插图"组中的"图表"命令，弹出"插入图表"对话框，如图 5 - 11 所示。选择"簇状柱形图"，单击"确定"按钮。

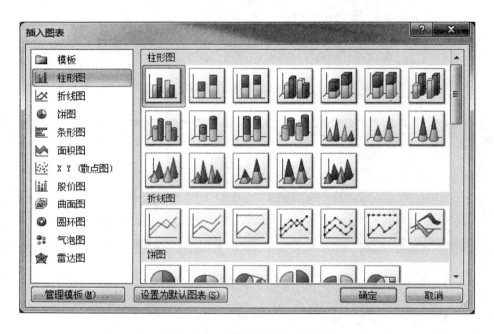

图 5 - 11　"插入图表"对话框

（2）在弹出的工作表中选择 A1 单元格，执行"粘贴"命令，将刚才复制的表格中的数据粘贴到工作表中。关闭工作表，此时幻灯片中出现图表，如图 5 - 12 所示。

（3）选中图表，单击"图表工具—格式"选项卡"大小"组中的对话框启动器，打开"设置图表区格式"对话框。在左侧选择"大小"，在右侧窗口高度、宽度处分别输入"9 厘米""19 厘米"，如图 5 - 13 所示。

（4）选中图表，单击"图表工具—布局"选项卡"标签"组的"图表标题"下拉按钮，选择"图表上方"选项，在"图表标题"处输入"销售情况表"。

5. 在第 4 张幻灯片中插入一个"不定向循环"类的 SmartArt 图形。

（1）选择第 4 张幻灯片，单击"插入"选项卡"插图"组中的"SmartArt"命令，弹出"选择 SmartArt 图形"对话框，结果如图 5 - 14 所示。

（2）选择"循环"中的"不定向循环"，单击"确定"按钮，如图 5 - 15 所示。

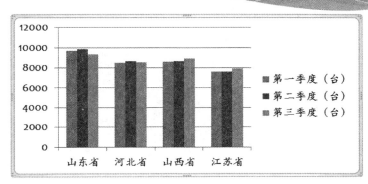

图 5 – 12 图表效果

图 5 – 13 图表大小设置

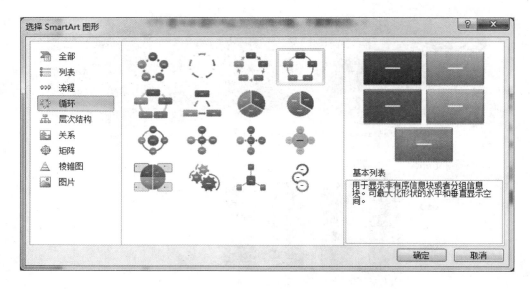

图 5 - 14　选择 SmartArt 图形

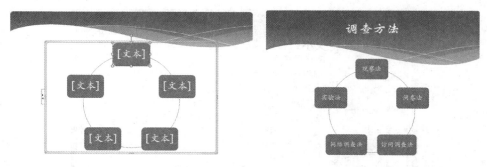

图 5 - 15　SmartArt 图形　　　　图 5 - 16　SmartArt 图形内容

（3）在"文本"处分别输入内容，如图 5 - 16 所示。拖动 SmartArt 图形的边框中间或四个角可以改变其大小，利用"SmartArt 工具"中的"设计"和"格式"选项卡，可以对 SmartArt 图形进行格式设置。

五、实验分析及知识拓展

本实验主要让学生通过制作"市场调查报告"演示文稿，学会插入文本框、表格、音频、视频等对象的方法。

在含有内容版式的幻灯片中，单击占位符中的"插入表格""插入图表"等按钮，也可以插入相应的对象。

六、拓展作业

1. 打开"电影艺术欣赏 . pptx"，输入副标题"观影、赏析"。

2. 在第 2 张幻灯片中插入一张关于"电影"的剪贴画。

3. 将插入的剪贴画的大小设置为高 5 厘米、宽 8 厘米。

4. 在第 3 张幻灯片中插入图 5 - 17 所示的表格。

5. 在第 3 张幻灯片中插入素材中的"xiaolong"。

电影名称	产地
游龙戏凤	中国
保持通话	中国
哈利·波特5	英国
超人总动员	美国
全金属外壳	英国

图 5 - 17　经典电影列表

 实验三　幻灯片页面外观的修饰

一、实验目的及实验任务

（一）实验目的

通过本实验，掌握幻灯片的主题设置、背景设置和利用母版对幻灯片外观进行统一修饰的方法。

（二）实验任务

根据提供的实验素材，制作"讲座 . pptx"。

二、实验所需素材

下载素材文件"实验素材 \ 第 5 章 \ 实验三"。

三、实验内容

1. 使用主题。

2. 设置幻灯片背景。

3. 在每张幻灯片中插入相同的图片。

4. 设置幻灯片的文本格式。

5. 插入页脚。

四、实验操作过程

1. 将"讲座 . pptx"中所有幻灯片的主题都设置为"奥斯汀"。

打开"实验素材 \ 第 5 章 \ 实验三 \ 讲座 . pptx"，在"设计"选项卡的"主题"组中单击"奥斯汀"。

2. 将第 2 张幻灯片的背景颜色设置为纯色填充，颜色为"浅绿"色；第 3 张幻灯片的背景设置为素材中的图片"绿叶 . jpg"。

（1）选择第 2 张幻灯片，单击"背景"组中的"背景样式"，在下拉列表中选择"设置背景格式"，打开"设置背景格式"对话框，如图 5 - 18 所示。

图 5 – 18 "设置背景格式"对话框

（2）选择"填充"中的"纯色填充"，在"颜色"中选择"浅绿"，单击"关闭"按钮。

（3）选择第 3 张幻灯片，选择"填充"中的"图片或纹理填充"，单击"文件…"按钮，在弹出的"插入图片"对话框里选择"绿叶. jpg"，单击"插入"按钮，如图 5 – 19 所示。

（4）在"设置背景格式"对话框中，单击"关闭"按钮。

3. 在除标题幻灯片之外的每张幻灯片的右下角都插入素材中的图片"logo. jpg"。

（1）选择"视图"选项卡，在"母版视图"组中单击"幻灯片母版"按钮，进入"幻灯片母版"选项卡，选择"标题和内容"版式。

（2）单击"插入"选项卡"图像"组的"图片"，打开"插入图片"对话框，选择素材中的图片"logo. jpg"，单击"插入"按钮，如图 5 – 20 所示。

图 5-19 "插入图片"对话框

图 5-20 "插入图片"对话框

（3）将图片移动到幻灯片的右下角，单击"幻灯片母版"选项卡中的"关闭母版视图"按钮。

4. 将第 2 张幻灯片的标题字体设置为华文仿宋、54 号，加粗，颜色为深红，对齐方式为居中对齐。

（1）选择第 2 张幻灯片，选择标题文字"主要内容"，在"开始"选项卡的"字体"组中，将字体设置为华文仿宋、54 号，如图 5 - 21 所示。

图 5 - 21 字体设置

（2）单击"字体"组"加粗"按钮设置文本加粗，单击"字体颜色"按钮，在下拉列表里选择深红色。

（3）单击"段落"组中的"居中"按钮，设置居中对齐。

5. 为除标题幻灯片之外的每张幻灯片插入页脚，内容为"知识的遗忘及记忆策略"。

（1）单击"插入"选项卡"文本"组中的"页眉和页脚"按钮，打开"页眉和页脚"对话框，选中"页脚"选项前面的复选框，输入"知识的遗忘及记忆策略"。

（2）选中"标题幻灯片中不显示"选项前面的复选框，单击"全部应用"按钮，如图 5 - 22 所示。

图 5 - 22 "页眉和页脚"对话框

五、实验分析及知识拓展

本实验通过让学生对演示文稿进行格式化及外观修饰，掌握在幻灯片中设置字体的方法；掌握主题与背景的设置方法；掌握使用母版控制幻灯片格式的方法；掌握插入页眉和页脚的方法。

六、拓展作业

1. 打开"实验素材 \ 第 5 章 \ 实验三 \ 计算机网络 . pptx"，将所有幻灯片的主题都设置为"聚合"。

2. 选择第 1 张幻灯片，选择标题文本，将其字体设置为华文隶书，字号 60，加粗，绿色。

3. 选择第 2 张幻灯片，将其背景设置为"新闻纸"。

4. 利用母版在每张幻灯片的右上角插入一幅"网络"类的剪贴画。

5. 为每张幻灯片添加编号，但标题幻灯片中不显示。

实验四　演示文稿的动画效果和动作设置

一、实验目的及实验任务

（一）实验目的

通过本实验，掌握在幻灯片中设置对象动画效果的方法，掌握幻灯片的切换设置方法，掌握设置超链接和动作的方法。

（二）实验任务

根据提供的实验素材，制作"趵突泉 . pptx"。

二、实验所需素材

下载素材文件"实验素材 \ 第 5 章 \ 实验四 \ 趵突泉 . pptx"。

三、实验内容

1. 为第 1 张幻灯片设置切换效果：百叶窗，垂直，电压声音，自动换页时间为 3 秒，持续时间 2 秒。

2. 为第 2 张幻灯片上的标题设置动画效果：弹跳，在上一动画之后开始播放，持续时间为 3 秒。为幻灯片上其他文本设置动画：放大/缩小，方向水平，持续时间 3 秒，单击鼠标开始动画。

3. 为第 3 张幻灯片上的"柳絮泉"建立超链接，链接到第 5 张幻灯片。

4. 在第 5 张幻灯片上插入动作按钮，文字为"返回目录"，幻灯片放映时，单击返回第 3 张幻灯片。

四、实验操作过程

1. 为第 1 张幻灯片设置切换效果：百叶窗，垂直，电压声音，自动换页时间为 3 秒，持续时间 2 秒。

（1）打开"实验素材 \ 第 5 章 \ 实验四 \ 趵突泉 . pptx"，选择第 1 张幻灯片，单击"切换"选项卡"切换到此幻灯片"组中的"其他"下拉按钮，在下拉列表中选择"百叶窗"，如图 5 - 23 所示。

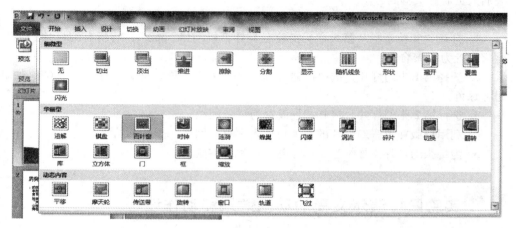

图 5 - 23　设置切换效果

（2）在"切换到此幻灯片"组中的"效果选项"中设置效果为"垂直"。

（3）在"计时"组中的"声音"下拉列表框中选择"电压"，"持续时间"设置为 2 秒。

（4）在"计时"组中的"换片方式"处取消对"单击鼠标时"复选框的选择，选中"设置自动换片时间"，然后将时间设置为 3 秒。

2. 为第 2 张幻灯片上的标题设置动画效果：弹跳，在上一动画之后开始播放，持续时间为 3 秒。为幻灯片上其他文本设置动画：放大/缩小，方向水平，持续时间 3 秒，单击鼠标开始动画。

（1）选择第 2 张幻灯片，选定标题文字，在"动画"选项卡的"动画"组中单击"其他"下拉按钮，在下拉列表中选择"弹跳"项，如图 5 - 24 所示。

（2）在"计时"组的"开始"处设置"在上一动画之后"，"持续时间"设置为 3 秒。

（3）选定幻灯片中的其他文本，在"动画"选项卡的"动画"组中单击"其他"下拉按钮，在下拉列表中选择"放大/缩小"项，在"效果选项"的下拉列表中选择"水平"。在"计时"组的"开始"处设置"单击时"，"持续时间"设置为 3 秒。

3. 为第 3 张幻灯片上的"柳絮泉"建立超链接，链接到第 5 张幻灯片。

（1）选择第 3 张幻灯片，选定文本"柳絮泉"，选择"插入"选项卡"链接"组中的"超链接"，打开"插入超链接"对话框，如图 5 - 25 所示。

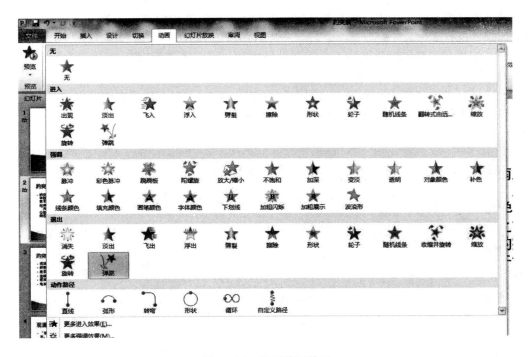

图 5-24 设置动画效果

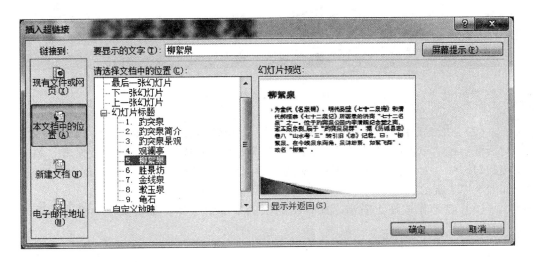

图 5-25 "插入超链接"对话框

（2）在"链接到"区域选择"本文档中的位置"，在"请选择文档中的位置"区域选择第 5 张幻灯片，单击"确定"按钮。此时，选中的文本增加了下划线，字体颜色也有变化。

4. 在第 5 张幻灯片上插入自定义动作按钮，文字为"返回目录"，幻灯片放映时，单击返回第 3 张幻灯片。

（1）单击"插入"选项卡"插图"组中"形状"，在下拉列表中选择"动作按钮"组中的最后一个按钮"动作按钮：自定义"，如图 5 - 26 所示。

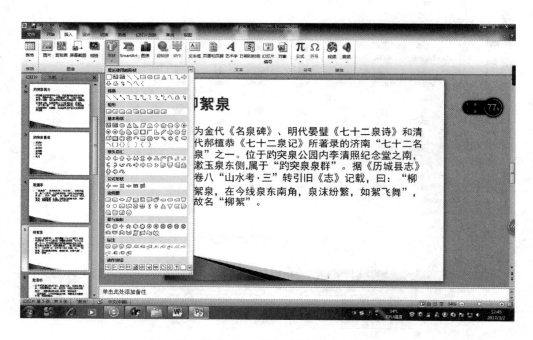

图 5 - 26　插入动作按钮

（2）在幻灯片中的合适位置拖动鼠标，画出动作按钮，同时弹出"动作设置"对话框。在"单击鼠标"选项卡中的"超链接到"处选择"幻灯片"，弹出"超链接到幻灯片"对话框，在"幻灯片标题"处选择第 3 张幻灯片，单击"确定"按钮，如图 5 - 27 所示。

（3）在动作按钮上右击，在弹出的快捷菜单中选择"编辑文字"命令，输入"返回目录"。

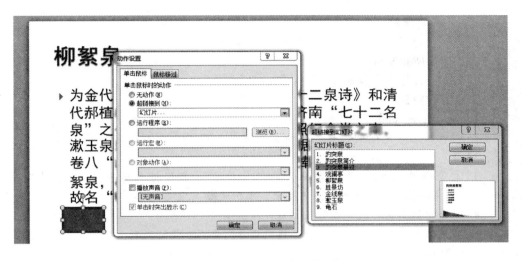

图 5 – 27 "动作设置"对话框

五、实验分析及知识拓展

本实验主要让学生通过制作"趵突泉"演示文稿，掌握在演示文稿中设置动画效果的方法、设置幻灯片切换效果的方法及建立超链接的方法。

六、拓展作业

1. 打开"实验素材 \ 第 5 章 \ 实验四 \ 数据库管理技术的发展 . pptx"，为第 1 张幻灯片设置切换效果：涟漪，从左下部，捶打声音，自动换页时间为 3 秒，持续时间为 3 秒。

2. 为第 2 张幻灯片上的标题设置动画效果：随机线条，在上一动画之后开始播放，持续时间为 3 秒。为幻灯片上其他文本设置动画：形状，缩小，持续时间 3 秒，单击鼠标时开始动画。

3. 为第 3 张幻灯片上的"文件系统阶段"建立超链接，链接到第 5 张幻灯片。

4. 在第 5 张幻灯片上插入自定义动作按钮，文字为"返回"，幻灯片放映时，单击返回第 3 张幻灯片。

拓展训练

一、实验目的及实验任务

（一）实验目的

通过本实验，掌握幻灯片的主题设置、背景设置和利用母版对幻灯片外观进行统一修饰的方法。掌握在幻灯片中设置对象动画效果的方法，掌握幻灯片的切换设置方法，掌握设置超链接和动作的方法。

（二）实验任务

根据提供的实验素材，制作"法律法规.pptx"。

二、实验所需素材

下载素材文件"实验素材\第5章\拓展训练"。

三、实验内容

1. 将"讲座.pptx"中所有幻灯片的主题都设置为"精装书"。

2. 将标题幻灯片中的标题字体设置为宋体、72号，副标题字体设置为华文仿宋、32号。

3. 在除标题幻灯片之外的每张幻灯片的右下角都插入素材中的图片"法槌.jpg"，并将其大小调整为：高3厘米，宽5厘米。

4. 为除标题幻灯片之外的每张幻灯片添加编号。

5. 为所有幻灯片设置切换效果：随机线条，垂直，风铃声音，自动换页时间为3秒，持续时间2秒。

6. 为第2张幻灯片上的标题设置动画效果：陀螺旋，在上一动画之后开始播放，持续时间为2秒。

7. 为第3张幻灯片上的"法律解释"建立超链接，链接到第5张幻灯片。

8. 在第5张幻灯片上插入动作按钮，文字为"返回目录"，幻灯片放映时，单击返回第3张幻灯片。

四、实验操作过程

1. 将"讲座.pptx"中所有幻灯片的主题都设置为"精装书"。

打开"实验素材\第5章\拓展训练\法律法规.pptx"，在"设计"选项卡的"主题"组中单击"精装书"，如图5-28所示。

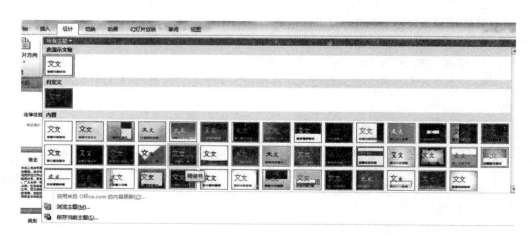

图5-28　设置主题

2. 将标题幻灯片中的标题字体设置为宋体、72 号，副标题字体设置为华文仿宋、32 号。

（1）选择标题幻灯片，选择标题文字"法律法规"，在"开始"选项卡的"字体"组中，将字体设置为宋体、72 号。

（2）选择标题幻灯片，选择副标题文字"常识简介"，在"开始"选项卡的"字体"组中，将字体设置为华文仿宋、32 号。

3. 在除标题幻灯片之外的每张幻灯片的右下角都插入素材中的图片"法槌.jpg"，并将其大小调整为：高 3 厘米，宽 5 厘米。

（1）选择"视图"选项卡，在"母版视图"组中单击"幻灯片母版"按钮，进入"幻灯片母版"选项卡，选择"标题和内容"版式。

（2）单击"插入"选项卡"图像"组的"图片"，打开"插入图片"对话框，选择素材中的图片"法槌.jpg"，单击"插入"按钮，如图 5 – 29 所示。

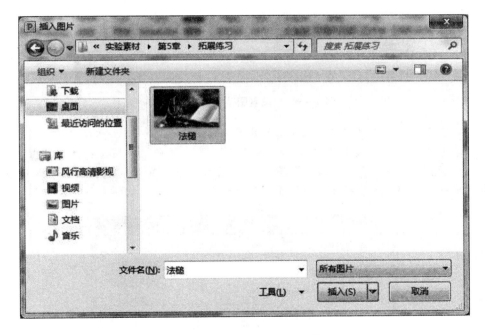

图 5 – 29 "插入图片"对话框

（3）单击"图片工具—格式"选项卡的"大小"组中的对话框启动器，打开"设置图片格式"对话框，在左侧选择"大小"组，在右侧取消对"锁定纵横比"的选定。在高度和宽度处分别输入 3 厘米、5 厘米，单击"关闭"按钮，如图 5 – 30 所示。

（4）将图片移动到幻灯片的右下角，单击"幻灯片母版"选项卡中的"关闭母版视图"按钮。

图 5 – 30 "设置图片格式"对话框

4. 为除标题幻灯片之外的每张幻灯片添加编号。

单击"插入"选项卡"文本"组中的"页眉和页脚"按钮,打开"页眉和页脚"对话框,选中"幻灯片编号"和"标题幻灯片中不显示"选项前面的复选框,然后单击"全部应用"按钮,如图 5 – 31 所示。

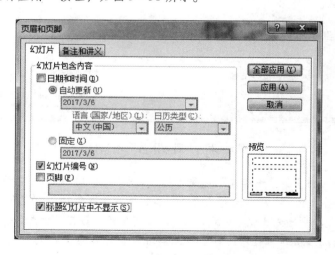

图 5 – 31 "页眉和页脚"对话框

5. 为所有幻灯片设置切换效果：随机线条，垂直，风铃声音，自动换页时间为3秒，持续时间2秒。

（1）单击"切换"选项卡"切换到此幻灯片"组中的"其他"下拉按钮，在下拉列表中选择"随机线条"。

（2）在"切换到此幻灯片"组中的"效果选项"中设置效果为"垂直"。

（3）在"计时"组中的"声音"下拉列表框中选择"风铃"，"持续时间"设置为2秒。

（4）在"计时"组中的"换片方式"处取消对"单击鼠标时"复选框的选择，选中"设置自动换片时间"，然后将时间设置为3秒。单击"计时"组中的"全部应用"按钮。

6. 为第2张幻灯片上的标题设置动画效果：陀螺旋，在上一动画之后开始播放，持续时间为2秒。

（1）选择第2张幻灯片，选定标题文字，在"动画"选项卡的"动画"组中单击"其他"下拉按钮，在下拉列表中选择"陀螺旋"项。

（2）在"计时"组的"开始"处设置"在上一动画之后"，"持续时间"设置为2秒。

7. 为第3张幻灯片上的"法律解释"建立超链接，链接到第5张幻灯片。

（1）选择第3张幻灯片，选定文本"法律解释"，选择"插入"选项卡"链接"组中的"超链接"，打开"插入超链接"对话框，如图5-32所示。

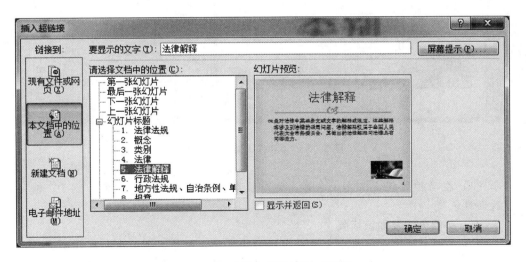

图 5-32 "插入超链接"对话框

（2）在"链接到"区域选择"本文档中的位置"，在"请选择文档中的位置"区域选择第5张幻灯片，单击"确定"按钮。此时，选中的文本增加了下划线，字体颜色也有变化。

8.在第5张幻灯片上插入动作按钮,文字为"返回目录",幻灯片放映时,单击返回第3张幻灯片。

(1)单击"插入"选项卡"插图"组中"形状",在下拉列表中选择"动作按钮"组中的最后一个按钮"动作按钮:自定义"。

(2)在幻灯片中的合适位置拖动鼠标,画出动作按钮,同时弹出"动作设置"对话框。在"单击鼠标"选项卡中的"超链接到"处选择"幻灯片",弹出"超链接到幻灯片"对话框,在"幻灯片标题"处选择第3张幻灯片,单击"确定"按钮,如图5-33所示。

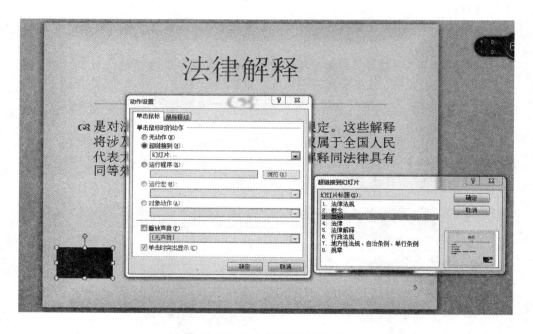

图5-33 "动作设置"对话框

(3)在动作按钮上右击,在弹出的快捷菜单中选择"编辑文字"命令,输入"返回目录"。

五、实验分析及知识拓展

本实验通过让学生对演示文稿进行格式化及外观修饰,掌握在幻灯片中设置字体的方法;掌握主题与背景的设置方法;掌握使用母版控制幻灯片格式的方法;掌握插入页眉和页脚的方法;掌握在演示文稿中设置动画效果的方法、设置幻灯片切换效果的方法及建立超链接的方法。

综合练习

一、单项选择题

1. PowerPoint 2010 中，演示文稿类型文件的扩展名为_____。

A. . potx   B. . pptm   C. . pptx   D. . ppt

2. 设置文字方向，除了可以将文字设置为横排、竖排、所有文字旋转90°与所有文字旋转270°之外，还可以将文字设置为_____方向。

A. 顺时针旋转   B. 逆时针旋转   C. 自定义角度   D. 堆积

3. 下列视图方式中，_____不是 PowerPoint 2010 的视图方式。

A. 普通视图   B. 幻灯片浏览视图

C. 页面视图   D. 幻灯片放映视图

4. 在 PowerPoint 2010 中，除了可以替换文本，还可以替换_____。

A. 字母   B. 字体   C. 数字   D. 格式

5. 下列关于幻灯片和演示文稿的说法中，不正确的是_____。

A. 幻灯片是 PowerPoint 中包含文字、图像、图表、声音等多媒体信息的图片

B. 幻灯片可以单独以文件的形式存盘

C. 一个演示文稿文件可以包含一张或者多张幻灯片

D. 一个演示文稿文件可以不包含任何幻灯片

6. 关于 PowerPoint 2010 幻灯片母版的使用，下列说法中，不正确的是_____。

A. 通过对母版的设置，可以预定义幻灯片的前景色、背景颜色和字体大小

B. 通过对母版的设置，可以控制幻灯片中不同部分的表现形式

C. 标题母版为使用标题版式的幻灯片设置了默认格式

D. 修改母版不会给演示文稿中任何一张幻灯片带来影响

7. 在 PowerPoint 2010 中，_____元素可以添加动画效果。

A. 图片   B. 文字   C. 文本框   D. 以上都可以

8. 在 PowerPoint 2010 中，可以为一种元素设置_____动画效果。

A. 一种   B. 不多于两种   C. 多种   D. 以上都不对

9. 超链接只有在下列_____中才能被激活。

A. 幻灯片放映视图   B. 大纲视图

C. 普通视图   D. 幻灯片浏览视图

10. 从第一张幻灯片开始播放演示文稿的快捷键是_____。

A. F5   B. Enter   C. Alt + Enter   D. Shift + Enter

11. 关于修改幻灯片母版，下列说法中，正确的是_____。

A. 在幻灯片编辑状态下就可以修改

B. 进入母版编辑状态才可以修改

C. 母版不能修改

D. 以上说法都不对

12. 在 PowerPoint 2010 中，对于已创建的多媒体演示文稿，可以用_____命令转移到其他未安装 PowerPoint 2010 的计算机上放映。

A. 复制   B. 发送到

C. 将演示文稿打包成 CD   D. 设置幻灯片放映

13. 要使幻灯片在放映时能够自动播放，需要为其设置_____。

A. 超链接   B. 动作按钮   C. 排练计时   D. 录制旁白

14. 在 PowerPoint 2010 中保存文件时，如果将演示文稿保存为扩展名是_____的文件，在资源管理器中，用户可以双击该文件名就可以直接播放演示文稿。

A. . pptx   B. . potx   C. . html   D. . ppsx

15. 在 PowerPoint 2010 中，下列说法中，不正确的是_____。

A. 可以在演示文稿和 Word 文稿之间建立链接

B. 可以将 Excel 的数据直接导入幻灯片中的数据表

C. 演示文稿能转换成 Web 页

D. 可以在幻灯片浏览视图中对演示文稿进行整体修整

16. 在 PowerPoint 2010 中，使用"超链接"命令可以实现_____。

A. 幻灯片之间的跳转   B. 中断幻灯片的放映

C. 演示文稿幻灯片的移动   D. 在演示文稿中插入幻灯片

17. 在 PowerPoint 2010 中，"视图"这个名词表示_____。

A. 一种图形   B. 显示幻灯片的方式

C. 编辑演示文稿的方式   D. 一张正在修改的幻灯片

18. 在 PowerPoint 2010 的_____视图下，可以用拖动幻灯片的方法改变幻灯片的顺序。

A. 阅读   B. 备注页   C. 幻灯片浏览   D. 幻灯片放映

19. PowerPoint 2010 演示文稿可以保存为多种文件格式，下列文件格式中，不包括在其中的是_____。

A. . pptx   B. . potx   C. . psdx   D. . ppsx

20. 在 PowerPoint 2010 中，插入新幻灯片的快捷键是_____。

A. Ctrl + M   B. Ctrl + A   C. Ctrl + P   D. Shift + P

21. 在 PowerPoint 2010 中，下列有关模板的说法中，错误的是_____。

A. 用户不可以修改

B. 模板文件扩展名为 . potx

C. 它是控制演示文稿统一外观的最有力、最快捷的方法之一

D. 它是通用于各种演示文稿的模型，可直接应用于用户的演示文稿

22. PowerPoint 2010 提供了多种_____，它包含了配色方案、背景、字体样式和占位符等，可供用户快速统一整个演示文稿的外观。

A. 幻灯片   B. 母版   C. 主题   D. 版式

23. 在 PowerPoint 2010 中插入声音时,主要包括插入文件中的音频、录制音频与_____。

  A. 剪贴画音频   B. 影片中的音频

  C. 动画中的音频   D. 播放 CD 乐曲

24. 在 PowerPoint 2010 中,下列关于插入幻灯片的说法中,错误的是_____。

A. 选择"插入"选项卡中的"新建幻灯片"

B. 可以从其他演示文稿中插入幻灯片

C. 在浏览视图下单击鼠标右键,选择"新建幻灯片"

D. 在普通视图的大纲区中的幻灯片图表后单击,按回车键

25. 在 PowerPoint 2010 中,下列启动幻灯片放映的方法中,错误的是_____。

A. Shift + F5

B. F6

C. 单击演示文稿编辑窗口右下角的"幻灯片放映"按钮

D. 选择"幻灯片放映"选项卡中的"从头开始"命令

26. 对于表格,用户可通过执行"布局"选项卡"对齐方式"组中相应的命令设置文本的对齐方式。下列描述中,不属于"对齐方式"组的命令为_____。

  A. 居中   B. 文本左对齐

  C. 文本右对齐   D. 文本分散对齐

27. 在为幻灯片设置动作时,下列说法中,错误的是_____。

  A. 可以添加"对象动作"动作   B. 可以添加"声音"动作

  C. 可以添加"运行宏"动作   D. 可以添加"运行程序"动作

28. 如果要在幻灯片放映过程中结束放映,可以通过以下_____操作完成。

  A. 按 ESC 键 B. 按 Shift 键 C. 按 Ctrl + F4 键 D. 按 Enter 键

29. 对于演示文稿中不准备放映的幻灯片,可以用_____选项卡中的"隐藏幻灯片"命令将其隐藏。

  A. 开始   B. 设计   C. 幻灯片放映   D. 视图

30. 在 PowerPoint 2010 中,_____不是合法的"打印内容"选项。

  A. 备注页   B. 大纲   C. 整页幻灯片   D. 幻灯片浏览

31. 在 PowerPoint 2010 中,设置幻灯片放映时的换页效果为"棋盘",应使用_____选项卡下的命令。

  A. 幻灯片放映 B. 设计   C. 切换   D. 视图

32. 下列各项中,可以作为幻灯片背景的是_____。

  A. 图片   B. 图案   C. 纹理   D. 以上都可以

33. 在 PowerPoint 2010 中,若为幻灯片中的对象设置"淡出"效果,应使用_____选项卡下的命令。

A. 切换　　　　　B. 动画　　　　　C. 插入　　　　　D. 幻灯片放映

34. 当保存演示文稿时，出现"另存为"对话框，则说明_____。

A. 该文件保存时不能用原来的文件名

B. 该文件不能保存

C. 该文件未保存过

D. 该文件已经保存过

35. 在删除幻灯片中图表的数据系列时，除了在"选择数据源"对话框中删除之外，还可以通过按_____键删除。

A. Delete　　　　B. Enter　　　　C. Tab　　　　D. 空格

36. 在 PowerPoint 中，要选定多个图形时，需_____，然后用鼠标单击选定的图形对象。

A. 先按住 Alt 键　　　　　　　　B. 先按住 Home 键

C. 先按住 Shift 键　　　　　　　D. 先按住 Ctrl 键

37. 下列不能作为 PowerPoint 演示文稿的插入对象的是_____。

A. 图表　　　　　　　　　　　B. Excel 工作簿

C. 图像　　　　　　　　　　　D. Windows 操作系统

38. 关于 PowerPoint 演示文稿播放的控制方法，下列描述中，错误的是_____。

A. 可以用键盘控制播放

B. 可以用鼠标控制播放

C. 单击鼠标，幻灯片可以切换到下一张或上一张

D. 可以按"↓"键切换到下一张，按"↑"键切换到上一张

39. 在 PowerPoint 中需要帮助时，要按功能键_____。

A. F1　　　　　B. F2　　　　　C. F5　　　　　D. F8

40. 在 PowerPoint 中，能直接编辑幻灯片内容的视图方式是_____。

A. 幻灯片浏览视图　　　　　　　B. 普通视图

C. 阅读视图　　　　　　　　　　D. 以上三项均不能

41. 在下列哪种视图方式中，能方便地编辑备注文本内容_____。

A. 普通视图　　　　　　　　　　B. 阅读视图

C. 备注页视图　　　　　　　　　D. 幻灯片浏览视图

42. _____是进入 PowerPoint 2010 后的默认视图。

A. 幻灯片浏览视图　　　　　　　B. 备注页视图

C. 幻灯片放映视图　　　　　　　D. 普通视图

43. 在 PowerPoint 2010 中，要同时选择第 1、2、5 三张幻灯片，应该在_____视图下操作。

A. 普通　　　　　B. 备注页　　　　　C. 幻灯片浏览　　　　　D. 阅读

44. 要对幻灯片进行主题设置，应在_____选项卡中操作。

A. 开始　　　　　　B. 插入　　　　　　C. 视图　　　　　　D. 设计

45. 在绘制自定义动画路径时，需按_____键结束绘制。

A. Delete　　　　　B. Enter　　　　　C. Tab　　　　　　D. 空格

46. 从当前幻灯片开始播放演示文稿的快捷键是_____。

A. Shift + F5　　　B. Shift + F4　　　C. Shift + F3　　　D. Shift + F2

47. 要设置幻灯片中对象的动画效果以及动画的出现方式时，应在_____选项卡中操作。

A. 切换　　　　　　B. 动画　　　　　　C. 设计　　　　　　D. 审阅

48. 要在幻灯片中插入表格、图片、艺术字、视频、音频等元素时，应在_____选项卡中操作。

A. 文件　　　　　　B. 开始　　　　　　C. 插入　　　　　　D. 设计

49. 光标位于幻灯片窗格中时，单击"开始"选项卡的"幻灯片"组中的"新建幻灯片"按钮，插入的新幻灯片位于_____。

A. 当前幻灯片之前　　　　　　　　B. 当前幻灯片之后

C. 文档的最前面　　　　　　　　　D. 文档的最后面

50. 幻灯片的版式是由_____组成的。

A. 文本框　　　　　B. 表格　　　　　　C. 图标　　　　　　D. 占位符

51. 为幻灯片添加动画效果时，下列描述中，错误的是_____。

A. 可以为单个对象添加单个动画效果

B. 可以为单个对象添加多个动画效果

C. 可以为图表单个类别或单个元素单独添加动画效果

D. 可以将图表动画效果按类别或元素进行分类

52. 如果打印幻灯片的第1，3，5，6，7，8张，则在"打印"对话框的"幻灯片"文本框中可以输入_____。

A. 1 – 3 – 5 – 6 – 7 – 8　　　　　　B. 1，3，5 – 8

C. 1 – 3，5，6，7，8　　　　　　　D. 1 – 3，5 – 6，7，8

53. 在 PowerPoint 2010 中，"审阅"选项卡可以检查_____。

A. 文件　　　　　　B. 动画　　　　　　C. 拼写　　　　　　D. 切换

54. 下列关于演示文稿与幻灯片的关系说法中，正确的是_____。

A. 演示文稿和幻灯片是同一个对象

B. 演示文稿和幻灯片没有联系

C. 演示文稿由若干个幻灯片组成

D. 幻灯片由若干个演示文稿组成

55. 按住_____键可以绘制出正方形和圆形。

A. ALT　　　　　　B. Ctrl　　　　　　C. Shift　　　　　　D. Tab

56. 在 PowerPoint 2010 中默认的新建文件名是_____。

A. Doc1　　　　　B. Sheet1　　　　　C. 演示文稿 1　　　　D. Book1

57. _____是幻灯片缩小之后的打印件，可供观众观看演示文稿放映时参考。

A. 幻灯片　　　　B. 讲义　　　　　C. 演示文稿大纲　　　D. 演讲者备注

58. 在"字体"对话框中，不可以进行文本的_____设置。

A. 上标、下标　　B. 删除线　　　　C. 下划线　　　　　D. 对齐方式

59. 单击"表格工具"下"布局"选项卡"合并"组中的_____按钮，可以将一个单元格变为两个。

A. 绘制表格　　　B. 框线　　　　　C. 合并单元格　　　D. 拆分单元格

60. 在 PowerPoint 2010 中对幻灯片进行页面设置时，应在_____选项卡中操作。

A. 开始　　　　　B. 插入　　　　　C. 设计　　　　　D. 动画

二、判断题

1. 在幻灯片浏览视图中，可以调整幻灯片中图片的位置。（　　）

2. 在 PowerPoint 2010 中，字体设置不能调整字符间距。（　　）

3. 在 PowerPoint 2010 中，占位符和文本框一样，也是一种可插入的对象。（　　）

4. 在演示文稿中，可以为多张幻灯片应用不同的主题。（　　）

5. 在 PowerPoint 2010 中，打印演示文稿时，可以设定一页打印几张幻灯片。（　　）

6. 在 PowerPoint 2010 中，不能插入 Excel 表格。（　　）

7. 在 PowerPoint 2010 中，可以根据需要，自定义放映哪些幻灯片。（　　）

8. 在 PowerPoint 2010 中，用户可以使用"拼写检查"命令对演示文稿中的拼写和语法进行检查。（　　）

9. 在 PowerPoint 2010 中，可以为不同的幻灯片设置不同的切换效果。（　　）

10. 在 PowerPoint 2010 中，图表、图片、表格等对象不可以插入到备注页中。（　　）

三、填空题

1. 在幻灯片中，自动出现的虚线边框称为_____。

2. PowerPoint 2010 提供了多种视图方式，分别是普通视图、_____、阅读视图和幻灯片放映视图。

3. 要在 PowerPoint 2010 中显示标尺、网格线、参考线，以及对幻灯片母版进行修改，应在_____选项卡中进行操作。

4. 在 PowerPoint 2010 中，要想在没有安装在 PowerPoint 2010 的计算机上放映演示文稿，应提前将该演示文稿进行_____操作。

5. _____用于设置 PowerPoint 文稿中每张幻灯片的预设格式，这些格式包括每张幻灯片标题及正文文字的位置和大小、项目符号的样式、背景图案等。

6. 如果想在所有幻灯片的右上角加上同一张图片，可以在_____中插入。

7. PowerPoint 2010 演示文稿的扩展名是_____。

8. 在幻灯片放映时，如果要在单击某一图片时转到另一张幻灯片放映，需要为该图片设置_____。

9. 新建第二张幻灯片时，在"开始"选项功能区中，单击_____命令按钮。

10. 为幻灯片插入编号后，可以在_____对话框中修改幻灯片的起始编号。

四、操作题

下载"实验素材 \ 第 5 章 \ 综合练习 \ 春节 . pptx"，完成以下题目：

1. 将演示文稿主题设置为"暗香扑面"，第二张幻灯片的背景纹理设置成"新闻纸"。

2. 选中第一张幻灯片，将标题文本字体设置为"幼圆"，字号 60，颜色"蓝 – 灰，强调文字颜色 5，深色 25%"，副标题文本字体隶书，字号 28，倾斜。

3. 为第一张幻灯片设置切换效果：百叶窗，效果选项：水平，鼓声声音，自动换页时间为 2 秒，持续时间 3 秒。

4. 为第二张幻灯片上的"春节年画"建立超链接，链接到第八张幻灯片，并在第八张幻灯片上插入动作按钮，命名为"返回"，幻灯片放映时，单击返回第二张幻灯片。

5. 为第三张幻灯片上的标题文字设置动画效果：缩放，在上一动画之后开始播放，持续时间 3 秒，为幻灯片上其他内容设置动画：劈裂，中央向左右展开，持续时间 3 秒，单击鼠标开始动画。

6. 除标题幻灯片外，给其他幻灯片添加编号。

第6章 数据库技术与 Access 2010

 实验一 数据库及表的创建

一、实验目的及实验任务

1. 掌握数据库的创建及其他操作。

2. 熟练掌握数据表的建立、维护及有关操作。

二、实验内容

1. 数据库的创建、打开、关闭。

2. 数据表的创建：建立表结构、设置字段属性、建立表之间关系、数据的输入。

3. 数据表维护：打开表、关闭表、修改表结构、编辑表内容。

三、实验操作过程

（一）数据库的创建

建立"教学管理.accdb"数据库，并将数据库文件保存在"D：\ 实验一"文件夹中。

图 6-1 创建教学管理数据库

1. 在 Access 2010 启动窗口中，在中间窗格中单击"空数据库"，在右侧窗格的文件名文本框中，给出一个默认的文件名"Database1. accdb"，把它修改为"教学管理. accdb"，如图 6 – 1 所示。

2. 单击按钮，在打开的"新建数据库"对话框中，选择数据库的保存位置"D：\ 实验一"文件夹，单击"确定"按钮，如图 6 – 2 所示。

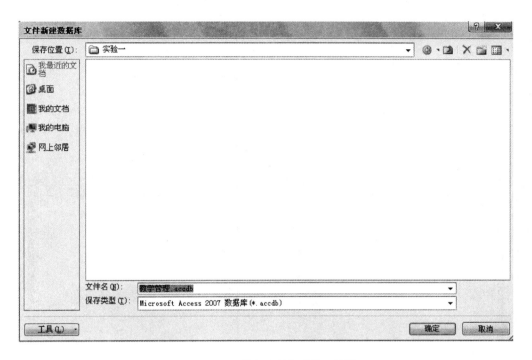

图 6 – 2　"文件新建数据库"对话框

3. 返回到 Access 启动界面，显示将要创建的数据库的名称和保存位置，如果用户未提供文件扩展名，Access 将自动添加上。

4. 在右侧窗格下面，单击"创建"命令按钮。

5. 开始创建空白数据库，自动创建了一个名称为表 1 的数据表，并以数据表视图方式打开这个表 1，如图 6 – 3 所示。

6. 光标将位于"添加新字段"列中的第一个空单元格中，现在就可以输入添加数据。

（二）数据库的打开和关闭

以独占方式打开"教学管理. accdb"数据库。

1. 选择"文件"→"打开"，弹出"打开"对话框。

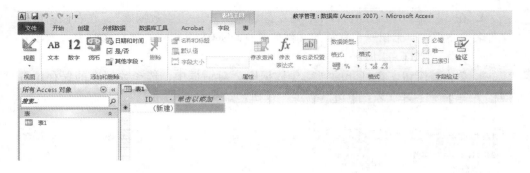

图 6 – 3　表 1 的数据表视图

2. 在"打开"对话框的"查找范围"中选择"D：\ 实验一"文件夹，在文件列表中选"教学管理 . accdb"，然后单击"打开"按钮右边的箭头，选择"以独占方式打开"，如图 6 – 4 所示。

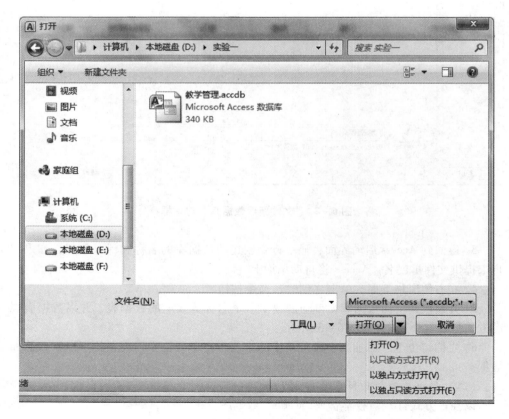

图 6 – 4　以独占方式打开数据库

3. 单击数据库窗口右上角的"关闭"按钮，或在Access 2010主窗口选"文件"→"关闭"菜单命令。

（三）建立表结构

在"教学管理.accdb"数据库中，利用设计视图创建"教师"表、"学生"表、"选课成绩"表。

1. 打开"教学管理.accdb"数据库，在功能区上的"创建"选项卡的"表格"组中，单击"表设计"按钮，如图6-5所示。

2. 单击"表格工具/视图"→"设计视图"，如图6-6所示。弹出"另存为"对话框，表名称文本框中输入"教师"，单击"确定"按钮。

图6-5 创建表

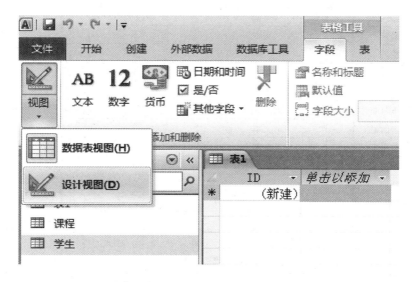

图6-6 "设计视图"和"数据表视图"切换

3. 打开表的设计视图，按照表6-1"教师"表的结构内容，在字段名称列输入字段名称，在数据类型列中选择相应的数据类型，在常规属性窗格中设置字段大小，如图6-7所示。

4. 单击"保存"按钮，以"教师"为名称保存表格。

5. 按照表6-2、6-3、6-4，用上述同样方法创建"学生"表和"选课成绩"表。

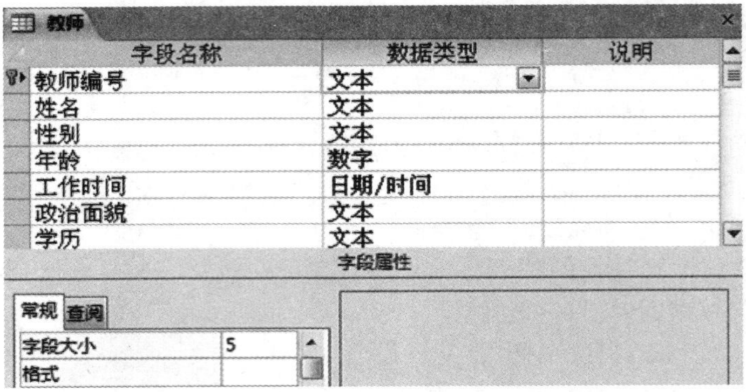

图 6-7 "设计视图"窗口

表 6-1 "教师"表结构

字段名	类型	字段大小	格式
编号	文本	5	
姓名	文本	4	
性别	文本	1	
年龄	数字	整型	
工作时间	日期/时间		短日期
政治面目	文本	2	
学历	文本	4	
职称	文本	3	
系别	文本	2	
联系电话	文本	12	
在职否	是/否		是/否

表 6-2 "学生"表结构

字段名	类型	字段大小	格式
学生编号	文本	10	
姓名	文本	4	
性别	文本	2	
年龄	数字	整型	
入校日期	日期/时间		中日期
团员否	是/否		是/否
住址	备注		
照片	OLE 对象		

表 6 – 3　"课程"表结构

字段名	类型	字段大小	格式
课程编号	文本	5	
课程名称	文本	20	

表 6 – 4　"选课成绩"表结构

字段名	类型	字段大小	格式
选课 ID	自动编号		
学生编号	文本	10	
课程编号	文本	5	
成绩	数字	整型	

（四）设置主键

1. 将"教师"表"教师编号"字段设置为主键。

（1）使用"设计视图"打开"教师"表，选择"教师编号"字段名称。

（2）"表格工具/设计"→"工具"组，单击主键按钮。

2. 用上述同样方法将"学生"表的"学生编号"、"课程"表的"课程编号"、"选课成绩"表的"选课 ID"设置为主键。

（五）向表中输入数据

使用"数据表视图"，将表 6 – 5 中的数据输入到"学生"表中。

表 6 – 5　"学生"表内容

学生编号	姓名	性别	年龄	入校日期	团员否	住址	照片
2008041101	张佳	女	21	2008 – 9 – 3	否	江西南昌	
2008041102	陈诚	男	21	2008 – 9 – 2	是	北京海淀区	
2008041103	王佳	女	19	2008 – 9 – 3	是	江西九江	
2008041104	叶飞	男	18	2008 – 9 – 2	是	上海	
2008041105	任伟	男	22	2008 – 9 – 2	是	北京顺义	
2008041106	江贺	男	20	2008 – 9 – 3	否	福建漳州	
2008041107	严肃	男	19	2008 – 9 – 1	是	福建厦门	
2008041108	吴东	男	19	2008 – 9 – 1	是	福建福州	位图图像
2008041109	好生	女	18	2008 – 9 – 1	否	广东顺德	位图图像

1. 打开"教学管理.accdb",在"导航窗格"中选中"学生"表双击,打开"学生"表"数据表视图"。

2. 从第 1 个空记录的第 1 个字段开始分别输入"学生编号""姓名""性别"等字段的值,每输入完一个字段值,按 Enter 键或者按 Tab 键转至下一个字段。

3. 输入"照片"时,将鼠标指针指向该记录的"照片"字段列,单击鼠标右键,打开快捷菜单,选择"插入对象"命令,选择"由文件创建"选项,单击"浏览"按钮,打开"浏览"对话框,在"查找范围"栏中找到存储图片的文件夹,并在列表中找到并选中所需的图片文件,单击"确定"按钮。

4. 输入完一条记录后,按 Enter 键或者按 Tab 键转至下一条记录,继续输入下一条记录。

5. 输入完全部记录后,单击快速工具栏上的"保存"按钮,保存表中的数据。

（六）建立表之间的关联

创建"教学管理.accdb"数据库中表之间的关联,并实施参照完整性。

1. 打开"教学管理.accdb"数据库,"数据库工具/关系"组,单击功能栏上的"关系"按钮,打开"关系"窗口,同时打开"显示表"对话框。

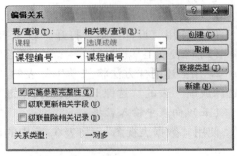

2. 在"显示表"对话框中,分别双击"学生"表、"课程"表、"选课成绩"表,将其添加到"关系"窗口中。

3. 关闭"显示表"窗口。

4. 选定"课程"表中的"课程编号"字段,然后按下鼠标左键并拖动到"选课成绩"表中的"课程编号"字段上,松开鼠标。此时屏幕显示如图 6-8 所示的"编辑关系"对话框。

图 6-8 "编辑关系"对话框

5. 选中"实施参照完整性"复选框,单击"创建"按钮。

6. 用同样的方法将"学生"表中的"学生编号"字段拖到"选课成绩"表中的"学生编号"字段上,并选中"实施参照完整性",结果如图 6-9 所示。

图 6-9 表间关系

7. 单击"保存"按钮，保存表之间的关系，单击"关闭"按钮，关闭"关系"窗口。

实验二　查询设计

一、实验目的及实验任务

1. 掌握各种查询的创建方法。
2. 掌握查询条件的表示方法。

二、实验内容

依据数据表创建查询。

三、实验操作过程

（一）单表查询

以"教师"表为数据源，利用"简单查询向导"查询教师的姓名和职称信息，所建查询命名为"教师情况"。

1. 打开"教学管理.accdb"数据库，单击"创建"选项卡，在"查询"组中单击"查询向导"弹出"新建查询"对话框，如图 6 - 10 所示。

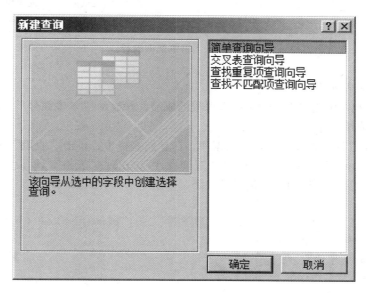

图 6 - 10　创建查询

2. 在"新建查询"对话框中选择"简单查询向导"，单击"确定"按钮，在弹出的对话框的"表与查询"下拉列表框中选择数据源为"表：教师"，再分别双击

"可用字段"列表中的"姓名"和"职称"字段，将它们添加到"选定的字段"列表框中，如图 6 – 11 所示。然后单击"下一步"按钮，为查询指定标题为"教师情况"，最后单击"完成"按钮。

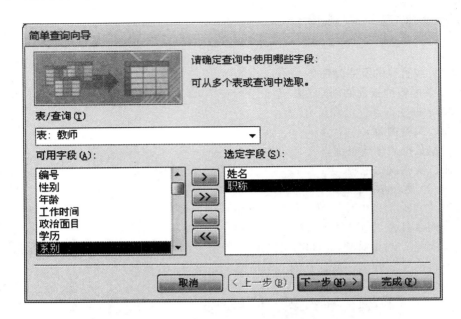

图 6 – 11 简单查询向导

（二）多表查询

在设计视图中创建查询学生所选课程的成绩，并显示"学生编号""姓名""课程名称""成绩"字段。

1. 打开"教学管理．accdb"数据库，在导航窗格中，单击"查询"对象，单击"创建"选项卡，"查询"组→单击"查询设计"，出现"表格工具/设计"选项卡，如图 6 – 12 所示。同时打开查询设计视图，如图 6 – 13 所示。

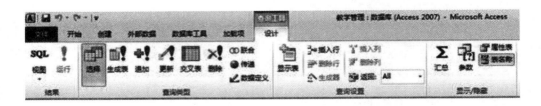

图 6 – 12 查询工具

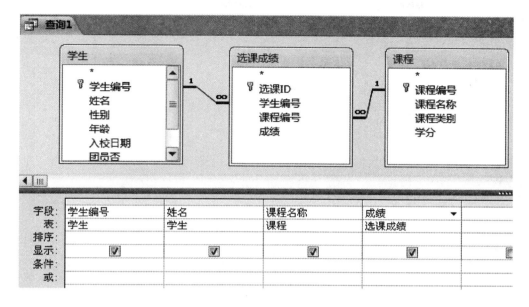

图 6 – 13　查询设计器

2. 在"显示表"对话框中选择"学生"表，单击"添加"按钮，添加"学生"表，同样方法，再依次添加"选课成绩"和"课程"表。

3. 双击"学生"表中"学生编号""姓名"、"课程"表中"课程名称"和"选课成绩"表中"成绩"字段，将它们依次添加到"字段"行的第 1~4 列上。

4. 单击快速工具栏 A 📄📄 🖫 ⌇ ▾ ⌃ ▾ |≂ "保存"按钮，在"查询名称"文本框中输入"选课成绩查询"，单击"确定"按钮。

5. 选择"开始/视图"→"数据表视图"菜单命令，或单击"查询工具/设计"→"结果"上的"运行"按钮，查看查询结果。

（三）创建带条件的查询

查找 2008 年 9 月 1 日入校的男生信息，要求显示"学生编号""姓名""性别""团员否"字段内容。

1. 在设计视图中创建查询，添加"学生"表到查询设计视图中。

2. 依次双击"学生编号""姓名""性别""团员否""入校日期"字段，将它们添加到"字段"行的第 1~5 列中。

3. 单击"入校日期"字段"显示"行上的复选框，使其空白，查询结果中不显示入校日期字段值。

4. 在"性别"字段列的"条件"行中输入条件"男"，在"入校日期"字段列的"条件"行中输入条件"# 2008 – 9 – 1#"，设置结果如图 6 – 14 所示。

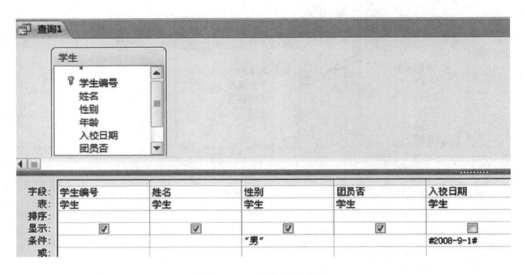

图 6 - 14　带条件的查询

5. 单击保存按钮，在"查询名称"文本框中输入"2008 年 9 月 1 日入校的男生信息"，单击"确定"按钮。

6. 单击"查询工具/设计"→"结果"上的"运行"按钮，查看查询结果。

实验三　窗体设计

一、实验目的及实验任务
掌握窗体创建的方法。

二、实验内容和要求
创建显示教师信息的窗体。

三、实验步骤

（一）使用"窗体"按钮创建窗体

1. 打开"教学管理.accdb"数据库，在导航窗格中，选择作为窗体的数据源"教师"表，在功能区"创建"选项卡的"窗体"组，单击"窗体"按钮，窗体立即创建完成，并以布局视图显示，如图 6 - 15 所示。

2. 在快捷工具栏，单击"保存"按钮，在弹出的"另存为"对话框中输入窗体的名称"教师"，然后单击"确定"按钮。

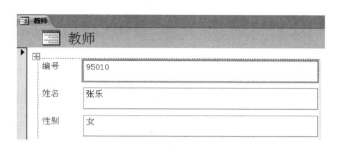

图 6 – 15 布局视图

图 6 – 16 窗体向导按钮

（二）使用"自动创建窗体"方式

1. 打开"教学管理.accdb"数据库，在导航窗格中，选择作为窗体的数据源"教师"表，在功能区"创建"选项卡的"窗体"组，单击"窗体向导"按钮，如图 6 – 16 所示。

2. 打开窗体向导，如图 6 – 17 所示。在"表和查询"下拉列表中数据源已为"教师"表，单击按钮，把该表中全部字段送到"选定字段"窗格中，单击下一步按钮。

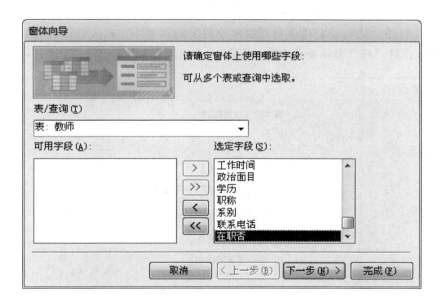

图 6 – 17 窗体向导

3. 在打开"请确定窗体上使用哪些字段"对话框中，选择"纵栏表"，如图 6 – 18 所示。单击下一步按钮。

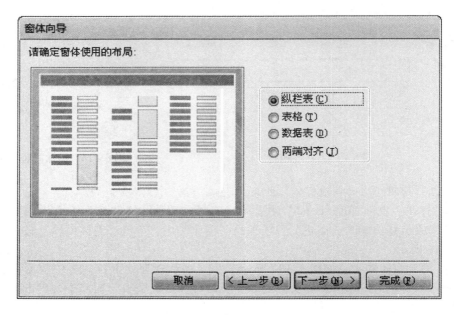

图 6 - 18　窗体向导—布局

4. 在打开"请确定窗体上使用哪些字段"对话框中，输入窗体标题"教师"，选取默认设置"打开窗体查看或输入信息"，单击"完成"按钮，如图 6 – 19 所示。

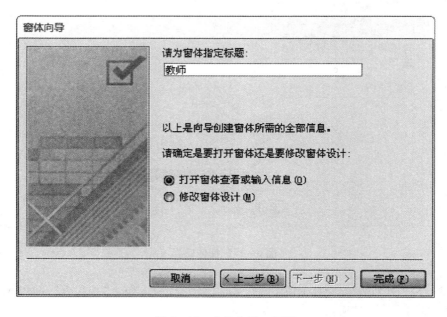

图 6 - 19　窗体向导—标题

5. 这时打开窗体视图，看到了所创建窗体的效果，如图 6 - 20 所示。

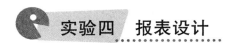 实验四 报表设计 ....

一、实验目的及实验任务

1. 了解报表布局，理解报表的功能。

2. 掌握创建报表的方法。

二、实验内容

依据数据表创建报表。

三、实验步骤

基于教师表为数据源，使用"自动创建报表"方法创建报表。

1. 打开"教学管理"数据库，在"导航"窗格中，选中"教师"表。

2. 在"创建"选项卡的"报表"组中，单击"报表"按钮，"教师"报表立即创建完成，如图 6 - 21 所示。

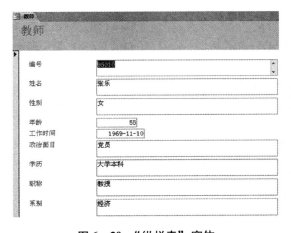

图 6 - 20 "纵栏表"窗体

图 6 - 21 教师报表

3. 保存报表，报表名称为"教师工作情况表"。

 综合练习

一、单项选择题

1. Access 是一种_____。

A. 数据库　　　　　　　　　　　　　　　B. 数据库系统

C. 数据库管理软件　　　　　　　　　　　D. 数据库管理员

2. Access 数据库的所有对象中，_____是实际存放数据的地方。

A. 表　　　　　　B. 查询　　　　　　　C. 报表　　　　　　　D. 窗体

3. Access 数据库中的表是一个_____。

A. 交叉表　　　　B. 线型表　　　　　　C. 报表　　　　　　　D. 二维表

4. 在一个数据库中存储着若干个表，这些表之间可以通过_____建立关系。

A. 内容不相同的字段　　　　　　　　　　B. 相同内容的字段

C. 第一个字段　　　　　　　　　　　　　D. 最后一个字段

5. Access 中的窗体是_____之间的主要接口。

A. 数据库和用户　　　　　　　　　　　　B. 操作系统和数据库

C. 用户和操作系统　　　　　　　　　　　D. 人和计算机

6. 建立表的结构时，一个字段由_____组成。

A. 字段名称　　　B. 数据类型　　　　　C. 字段属性　　　　　D. 以上都是

7. Access 中，表的字段数据类型中不包括_____。

A. 文本型　　　　B. 数字型　　　　　　C. 窗口型　　　　　　D. 货币型

8. Access 的表中，_____不可以定义为主键。

A. 自动编号　　　B. 单字段　　　　　　C. 多字段　　　　　　D. OLE 对象

9. 可以设置"字段大小"属性的数据类型是_____。

A. 备注　　　　　B. 日期/时间　　　　 C. 文本　　　　　　　D. 上述皆可

10. 在表的设计视图，不能完成的操作是_____。

A. 修改字段的名称　　　　　　　　　　　B. 删除一个字段

C. 修改字段的属性　　　　　　　　　　　D. 删除一条记录

11. 关于主键，下列说法中，错误的是_____。

A. Access 并不要求在每一个表中都必须包含一个主键

B. 在一个表中只能指定一个字段为主键

C. 在输入数据或对数据进行修改时，不能向主键的字段输入相同的值

D. 利用主键可以加快数据的查找速度

12. 如果一个字段在多数情况下取一个固定的值，可以将这个值设置成字段的_____。

A. 关键字　　　　B. 默认值　　　　　　C. 有效性文本　　　　D. 输入掩码

13. 根据指定的查询条件，从一个或多个表中获取数据并显示结果的查询称为_____。

A. 交叉表查询　　B. 参数查询　　　　　C. 选择查询　　　　　D. 操作查询

14. 在学生成绩表中，查询成绩为 70～80 分之间（不包括 80）的学生信息，正确的条件设置为_____。

A. >69 or <80   B. Between 70 and 80

C. > =70 and <80   D. in（70，79）

15. Access 支持的查询类型有＿＿＿＿＿＿＿＿。

A. 选择查询、交叉表查询、参数查询、SQL 查询和操作查询

B. 选择查询、基本查询、参数查询、SQL 查询和操作查询

C. 多表查询、单表查询、参数查询、SQL 查询和操作查询

D. 选择查询、汇总查询、参数查询、SQL 查询和操作查询

16. 使用查询向导，不可以创建＿＿＿＿＿＿＿＿。

A. 单表查询   B. 多表查询

C. 带条件查询   D. 不带条件查询

17. SQL 的数据操作语句不包括＿＿＿＿＿＿＿＿。

A. INSERT   B. UPDATE   C. DELETE   D. CHANGE

18. 下列视图中，不属于 Access 窗体的视图是＿＿＿＿＿＿＿＿。

A. 设计视图   B. 窗体视图   C. 版面视图   D. 数据表视图

19. 报表的作用不包括＿＿＿＿＿＿＿＿。

A. 分组数据   B. 汇总数据   C. 格式化数据   D. 输入数据

20. 报表的数据源来源不包括＿＿＿＿＿＿＿＿。

A. 表   B. 查询   C. SQL 语句   D. 窗体

21. 在数据管理中数据共享性高，冗余度小的是＿＿＿＿＿＿＿＿。

A. 信息管理阶段   B. 人工管理阶段

C. 文件系统阶段   D. 数据库系统阶段

22. 简称 DBMS 的是＿＿＿＿＿＿＿＿。

A. 数据库系统   B. 数据库

C. 数据库管理系统   D. 数据

23. 在关系数据库中，下列关于关键字的说法中，不正确的是＿＿＿＿＿＿＿＿。

A. 如果两个关系中具有相同或相容的属性或属性组，那么这个属性或属性组称为这两个关系的公共关键字

B. 主关键字是被挑选出来做表的行的唯一标识的候选关键字

C. 对于一个关系来讲，主关键字只能有一个

D. 外关键字要求能够唯一标识表的一行

24. 在关系中选择某些属性的值的操作称为＿＿＿＿＿＿＿＿。

A. 连接运算   B. 投影运算   C. 选择运算   D. 合并运算

25. 下列关于数据库的概念的说法中，错误的是＿＿＿＿＿＿＿＿。

A. 一个关系就是一张二维表

B. 二维表中每个水平方向的行称为属性

C. 一个属性的取值范围叫作一个域

D. 候选码是关系的一个或一组属性，它的值能唯一地标识一个元组

26. 关于数据仓库系统，下列说法中，不正确的是_____。

A. 数据仓库的主要特征之一是面向主题的即围绕某一主题建模和分析

B. 数据仓库的数据可以来源于多个异种数据源

C. 数据库系统和数据仓库系统管理的数据内容相同

D. 数据库系统主要提供了执行联机事务和查询处理，数据仓库系统主要提供了数据分析和决策支持

27. Access 中，表和数据库的关系是_____。

A. 一个数据库可以包含多个表

B. 一个表只能包含两个数据库

C. 一个表可以包含多个数据库

D. 一个数据库只能包含一个表

28. 下列实体的联系中，属于多对多联系的是_____。

A. 学生与课程　　　　　　　　　B. 学校与校长

C. 住院的病人与病床　　　　　　D. 职工与工资

29. 在关系模型中，允许_____。

A. 同一列的数据类型不同　　　　B. 属性可以进一步分解

C. 行列的顺序可以任意交换　　　D. 同一个关系中两个元组相同

30. 数据库管理系统位于_____。

A. 硬件与操作系统之间

B. 用户与操作系统之间

C. 用户与硬件之间

D. 操作系统与应用程序之间

二、判断题

1. 数据库管理系统不仅可以对数据库进行管理，还可以绘图。（　）

2. 用二维表表示数据及其联系的数据模型称为关系模型。（　）

3. 记录是关系数据库中最基本的数据单位。（　）

4. Access 的数据库对象包括表、查询、窗体、报表、页、图层和通道七种。（　）

5. 要使用数据库，必须先打开数据库（　）

6. 在表的设计视图中，也可以进行增加、删除、修改记录的操作。（　）

7. 要修改表的字段属性，只能在表的设计视图中进行。（　）

8. 一个查询的数据只能来自于一个表。（　）

9. 查询中的字段显示名称可通过字段属性修改。（　）

10. 窗体上的"标签"控件可以用来输入数据。（　）

三、填空题

1. Access 数据库中的表以行和列来组织数据，每一行称为_____，每一列称

为_____。

2. Access 数据库中表之间的关系有_____、_____和_____关系。

3. 报表是把数据库中的数据_____的特有形式。

4. _____是为了实现一定的目的按某种规则组织起来的数据的集合。

5. _____是数据表中其值能惟一标识一条记录的一个字段或多个字段组成的一个组合。

6. 查询建好后，要通过_____来获得查询结果。

7. 数据库管理系统常见的数据模型有层次模型、网状模型和_____3 种。

8. 在数据库中数据的独立性指的是_____与_____相互独立存在。

9. Access 2010 数据库默认的文件格式是_____。

10. 表结构的设计和维护，是在表的_____视图中完成的。

第7章 计算机网络

实验一　了解计算机网络

一、实验目的及实验任务

（一）实验目的

通过本实验了解基本的网络硬件设备，如路由器、交换机、集线器和网卡等，同时熟悉网络拓扑结构。

（二）实验任务

了解计算机网络的主体设备：服务器和客户机。通过对比了解路由器、交换机、集线器和网卡等网络设备的外观、特点和功能，熟悉实验室的网络拓扑结构。

二、实验操作过程

1. 在有实验条件的基础上，参观上机环境的客户机、交换机、路由器和服务器等设备，熟悉上机环境的网络拓扑结构，常见的网络设备如图7－1所示。

交换机　　　　　　　路由器　　　　　　　服务器

图7－1　常见网络设备

2. 通过老师的讲解或者上网查阅资料等方式，了解这些设备的功能、特点、价格和应用环境，熟悉有关的网络拓扑结构知识。

三、拓展作业

通过网上查询了解手机上的无线网卡和家庭用无线路由器的最大传输速度、最远传输距离和穿墙层数的相关参数，再通过自己真实体验对比厂家给出的参数。

实验二　在 Windows 中设置共享资源

一、实验目的及实验任务

（一）实验目的

通过本实验，掌握在局域网中实现文件及打印机共享的方法。

（二）实验任务

在本地计算机中实现文件及打印机共享。

二、实验步骤

1. 在计算机上开启共享。

（1）单机桌面左下角"开始"，打开控制面板窗口，如图 7 - 2 所示。

图 7 - 2 控制面板

（2）单击"网络和 Internet"选项下的"查看网络状态和任务"，如图 7 - 3 所示。

（3）单击"更改高级共享设置"，打开的窗口如图 7 - 4 所示。依次选择"启用网络发现""文件和打印机共享""公用文件夹共享"，在下拉菜单中，选择"关闭密码保护"，最后单击"保存修改"。

2. 设置共享对象，将桌面的文件夹"计算机文化基础"设置为共享。

（1）右键单击"计算机文化基础"文件夹，选择"属性"，如图 7 - 5 所示。

（2）单击"共享"选项，然后打开"高级共享"，如图 7 - 6 所示，勾选"共享此文件夹"后，再依次单击"应用"和"确定"按钮。

3. 共享打印机。

（1）单击"开始"按钮，在"计算机"上单击右键，选择"管理"，依次打开"本地用户和组"→"用户"，如图 7 - 7 所示，双击打开"Guest"，确保"账户已禁用"未勾选，如图 7 - 8 所示，最后依次点击"应用"和"确定"按钮。

图 7 - 3　网络和共享中心

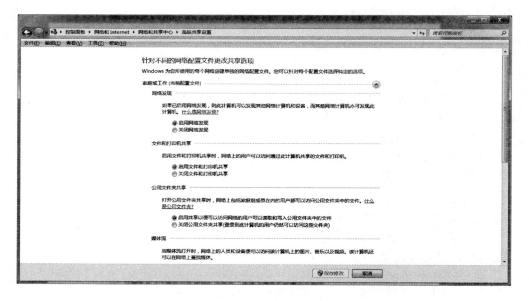

图 7 - 4　高级共享设置

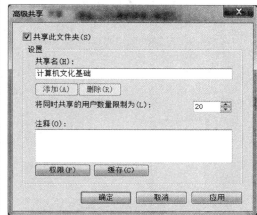

图 7-5 文件夹属性   图 7-6 高级共享

图 7-7 本地用户组

（2）将此台电脑连接上打印机，并安装驱动程序，在安装好驱动程序后，单击"开始"，选择"设备和打印机选项"，弹出的窗口如图7－9所示，双击打开打印机（此处型号为HP LasterJet P1008），如图7－10所示。然后双击打开"自定义您的打

图7－8　Guest属性

图7－9　设备和打印机

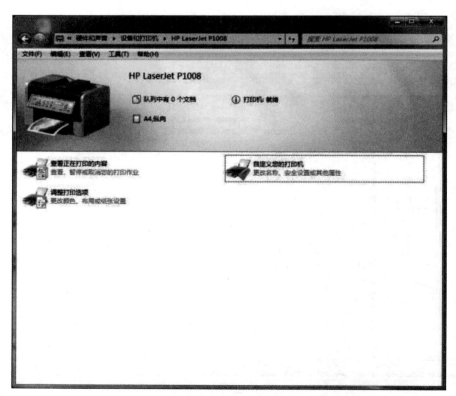

图7－10　打印机属性

印机"选项,在弹出的窗选择"共享"选项,然后勾选"共享这台打印机",如图
7-11所示,最后依次单击"应用"和"确定"按钮。

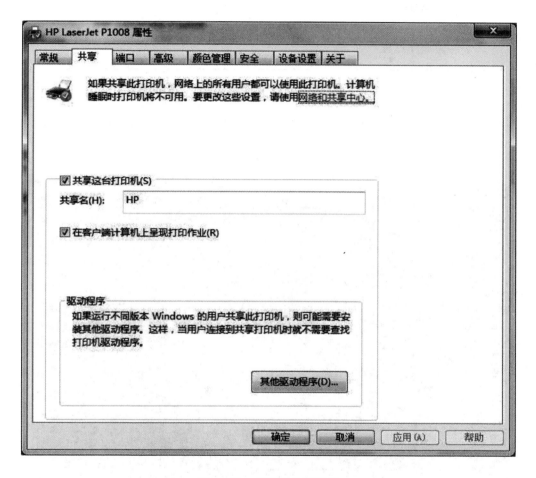

图 7-11 打印机共享属性

 **实验三** **TCP/IP 常用工具诊断命令**

一、实验目的及实验任务

(一)实验目的

掌握常用的 TCP/IP 工具诊断命令。

（二）实验任务

1. 使用 ipconfig 命令显示 IP 协议的具体配置信息。

2. 使用 ping 命令检查网络是否通畅或者网络连接速度。

3. 使用 hostname 命令查看主机名。

二、实验操作过程

（一）使用 ipconfig 命令显示 IP 协议的具体配置信息

执行"开始"→"所有程序"→"附件"→"命令提示符"命令（或者在"附件"里打开"运行"，然后输入"cmd"命令，点击"确认"），在弹出的窗口输入"ipconfig"，可以查看本机的 ip 地址以及相应的子网掩码和网关等信息，如图 7 - 12 所示。

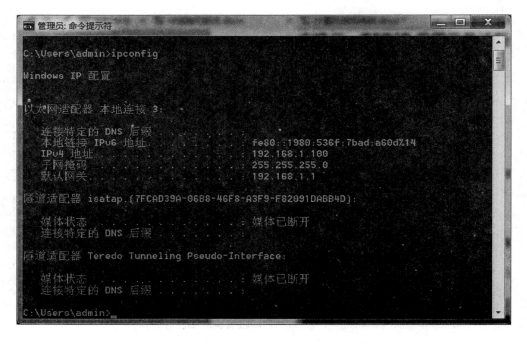

图 7 - 12　ipconfig 命令

（二）利用 ping 命令检查网络是否通畅或者网络连接速度

输入"ping 119. 75. 217. 109"（百度的 ip 地址），可以查看本机和百度的网络连通状况，如图 7 - 13 所示。

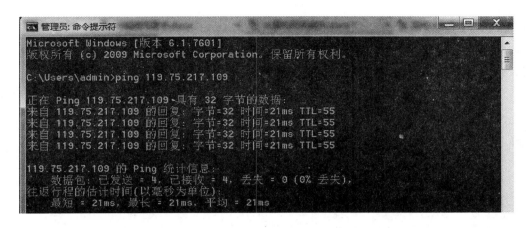

图 7 - 13　ping 命令

（三）利用 hostname 命令查看主机名

输入"hostname"可以查看计算机的主机名。本机的主机名是"examserver 01"，如图 7 - 14 所示。

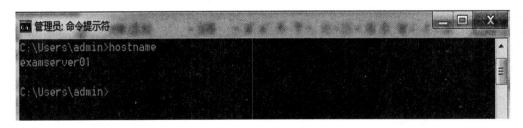

图 7 - 14　hostname 命令

三、拓展作业

1. arp 命令：在命令提示符窗口输入"arp - a"命令查看本机的 arp 缓存，输入"arp - d"命令清空本机的 arp 缓存"。

2. Nbtstat 命令：如图 7 - 15 所示，在命令提示符窗口输入"nbtstat - n"命令，查看客户机所注册的 NetBIOS 名称，输入"nbtstat - c"命令，显示本机 NetBIOS 统计信息，输入"nbstat - r"，显示本机 NetBIOS 统计信息。

图 7 – 15   nbtstat 命令

实验四   FTP 服务器搭建及 FTP 服务访问

一、实验目的及实验任务

（一）实验目的

了解 Serv – U 软件的安装及使用 Serv – U 实现简单的 FTP 服务器的搭建及 FTP 服务的访问。

（二）实验任务

使用 Serv – U 搭建 FTP 服务器，并实现对 FTP 服务器的访问。

二、实验操作过程

（一）安装 Serv – U 及配置

1. 所需软件在"实验素材\第 7 章"，运行 Serv – U. exe，完成后会自动弹出域创建提示，单击"是"，进入域向导。

2. 在域向导中的"名称"输入域名"ZFXY"，在"说明"下输入"FTP 实验"，如图 7 – 16 所示。

3. 设置 FTP 服务器协议和端口。本实验只使用 21 号端口，如图 7 – 17 所示，单击"下一步"。

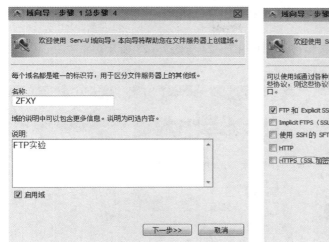

图7-16 设置域名和说明   图7-17 设置FTP端口

4. 设置FTP服务器监听IP地址。本实验设置为"所有可用的IPv4地址",单击"下一步",如图7-18所示。

5. 设置FTP服务器密码加密形式。本实验设置为"使用服务器设置(加密:单向加密)",单击完成,如图7-19所示。

 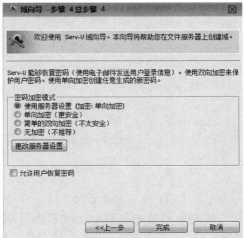

图7-18 设置IP地址   图7-19 设置密码加密模式

（二）使用 Serv – U 创建用户账号

1. 配置后的 Serv – U 会自动启用账户创建向导，如图 7 – 20 和图 7 – 21 所示，依次单击"是"按钮。

2. 依次设置登录 ID 及信息和密码，如图 7 – 22 与图 7 – 23 所示。

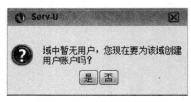

图 7 – 20　创建用户账号

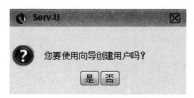

图 7 – 21　创建用户

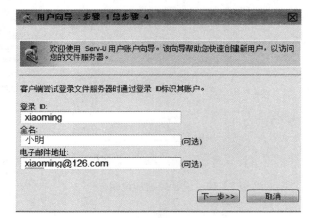

图 7 – 22　设置用户名

3. 设置登录根目录及访问权限，如图 7 – 24 和图 7 – 25 所示。

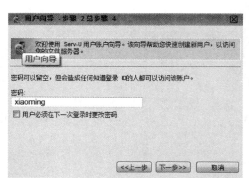

图 7 – 23　设置密码

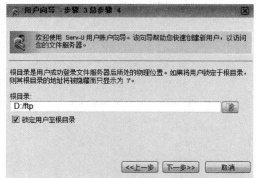

图 7 – 24　设置根目录

（三）FTP 服务器的访问

在浏览器的地址栏输入"FTP：//服务器 IP 地址"（如果是本机，可以输入"ftp：//127.0.0.1"），在弹出的对话框中输入用户名和密码，如图 7 – 26 所示，点击"登录"即可访问服务器中的文件。

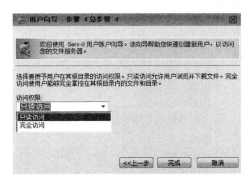

图 7 - 25　设置访问权限

图 7 - 26　FTP 登录界面

 实验五　电子邮箱申请及使用

一、实验目的及实验任务

（一）实验目的

掌握在网上申请邮箱的方法，掌握电子邮件的发送、接收、阅读以及附件的发送和保存方法。

（二）实验任务

1. 在 126 网站申请电子邮箱。

2. 发送、接收、回复电子邮件。

3. 发送带附件的电子邮件。

二、实验操作过程

（一）登录 www. 126. com，申请一个免费电子邮箱

1. 启动 IE 浏览器，在地址栏输入"www. 126. com"，按"Enter"键进入 126 免费邮箱登录界面，如图 7 - 27 所示。

2. 单击"去注册"按钮，根据提示，逐步操作，最后得到一个免费电子邮箱，如图 7 - 28 所示。

图 7 - 27　126 邮箱初始界面

（二）给自己发送一封电子邮件，并将"春. docx"作为附件一起发送

1. 输入用户名和密码进入邮箱，如图 7 - 29 所示，单击左侧的"写信"，进入写信界面，如图 7 - 30 所示。

图 7 - 28　邮箱注册界面

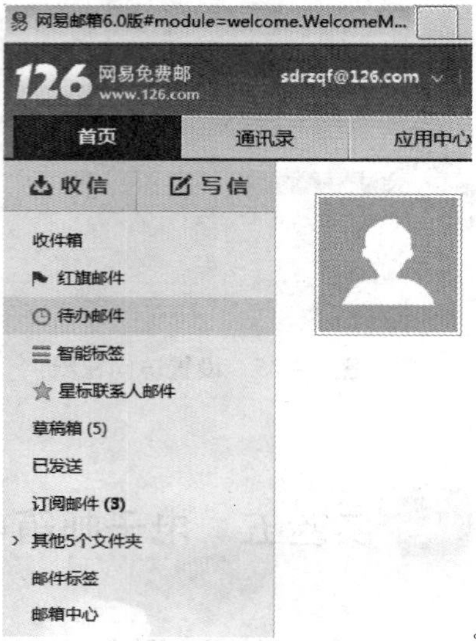

图 7 - 29　邮箱界面

图 7 - 30　写信界面

2. 在"收件人"栏输入自己的邮箱地址（若是给别人发送就填写别人的邮箱地址），在"主题"栏输入"春"，如图7-31所示。

3. 单击"添加附件"，选择实验素材文件里的"春.docx"，如图7-32所示，单击"打开"之后显示"上传完成"，则这个附件上传成功。

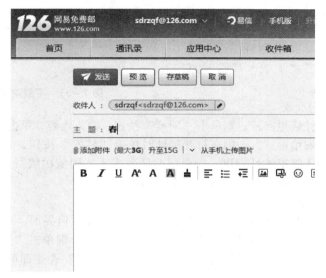

图7-31 填写邮件

图7-32 上传附件

4. 完成上述步骤后，点击"发送"按钮，即可发送此邮件。

（三）接收邮件，并保存附件

依次单击"首页"→"收信"，进入收信界面，这时就会看到一封未读信件，单击打开信件，在鼠标放到附件上时，就可以下载附件了，如图7－33所示，单击"下载"后选择桌面位置保存附件。

图7－33　下载附件

（四）回复和转发

如果读完邮件后想回复，则单击"回复"按钮，输入内容，单击"发送"即可。如果想把邮件转发给第三人，则在打开邮件时单击"转发"按钮，在"收件人"栏里填写收件人电子邮箱地址即可。如果同时转发多人，则依次填写多个电子邮箱地址，最后编辑好邮件后，单击"发送"命令即可。

（五）抄送和密送

如果发送邮件时，同时想把邮件抄送另一人，则在写信界面，单击"抄送"命令，输入收件人电子邮箱地址。如果想要秘密发送邮件，则单击"密送"按钮，输入收件人电子邮箱地址，最后编辑好邮件后，单击"发送"命令即可。

 实验六　使用 Foxmail 收发电子邮件

一、实验目的及实验任务

（一）实验目的

掌握 Foxmail 的使用方法。

（二）实验任务

掌握 Foxmail 邮箱的账户设置方法，掌握电子邮件的收取、回复、发送以及附件的发送方法。

二、实验操作过程

（一）开启自己所注册 126 邮箱的 POP3 和 IMAP 等服务

进入网页版的 126 电子邮箱，依次单击左侧的"邮箱中心"→"POP3/SMTP/IMAP"，如图7－34所示，126 邮箱的 POP3 服务器、SMTP 服务器和 IMAP 服务器地址也一并显示了，单击"保存"。

（二）Foxmail 的设置

1. 安装好 Foxmail 后，会要求输入用户名和密码，在输入正确后会进入 Foxmail 界面，如图7－35所示。

图 7 - 34　POP3/SMTP/IMAP

图 7 - 35　Foxmail 界面

2. 单击 Foxmail 右上角的"菜单"按钮,之后依次点击"账号管理"→"新建",如图 7 – 36 所示,可以添加新的邮箱账号,在使用了 Foxmail 之后,就可以不必登录网页版的邮箱而进行收发邮件,即在 Foxmail 上就可实现网页版邮箱的所有功能,同时可以管理多个邮箱账号。

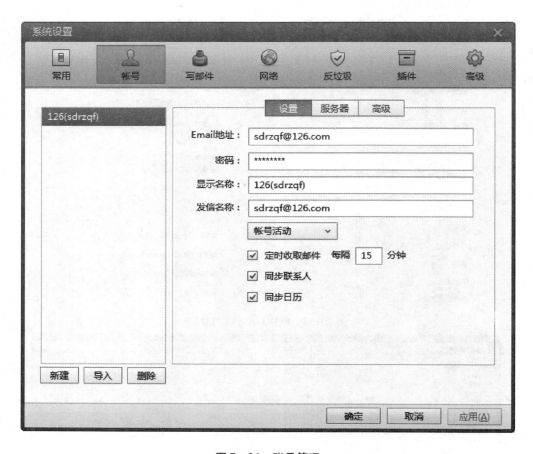

图 7 – 36　账号管理

3. 发送电子邮件,单击工具栏上的"写邮件"按钮,会弹出如图 7 – 37 所示的窗口,首先填写收件人电子邮箱地址,若要发送给多人,地址之间要用分号隔开,同时也可以选择"抄送"或"密送",之后填写主题和内容,最后点击"发送"命令即可。

4. 接收电子邮件,在工具栏上单击"收取"按钮,即可接收电子邮件,然后单击某一邮件即可打开。

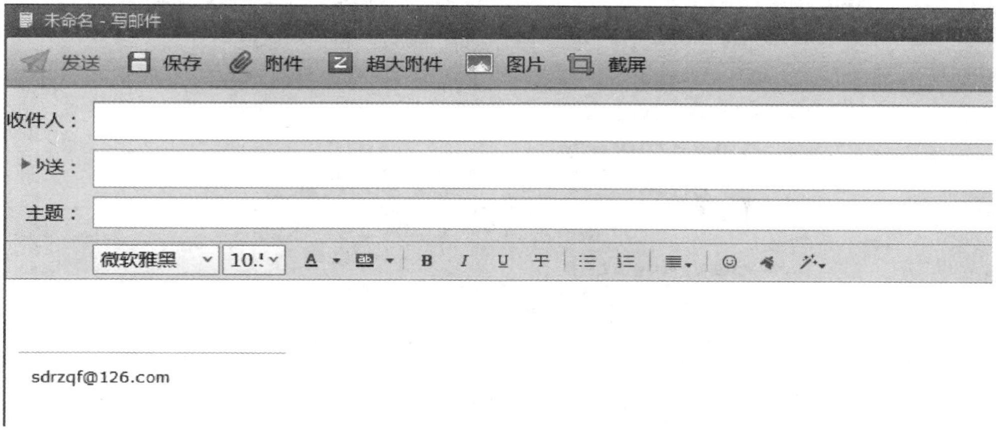

未命名 - 写邮件

发送　保存　附件　超大附件　图片　截屏

收件人：

抄送：

主题：

微软雅黑　10.5　A　B I U　

sdrzqf@126.com

图 7 – 37　写邮件

实验七　搜索引擎的使用

一、实验目的及实验方法

（一）实验目的

掌握主流搜索引擎的使用方法。

（二）实验任务

掌握百度搜索引擎的使用方法，了解其他的搜索引擎。

二、实验操作过程

（一）了解搜索引擎

目前主流的搜索引擎有百度、搜狗、360 搜索和必应搜索等搜索引擎，其中百度是全球最大的中文搜索引擎，占据了中文搜索 60% 多的市场份额。这几家搜索引擎致力于让网民更便捷地获取信息，找到所求。

（二）使用搜索引擎（以下以百度搜索为例介绍搜索引擎的使用）

1. 在浏览器输入网址"www. baidu. com"，按"Enter"键，进入百度，输入"旅游"，单击"百度一下"按钮，结果如图 7 – 38 所示；重新输入"旅游 intitle：英国"，进行搜索，如图 7 – 39 所示，使用"intitle"关键词可以把查询内容范围限定在网页标题中。

Bai<span></span>du百度   旅游   ✕   百度一下

网页   新闻   贴吧   知道   音乐   图片   视频   地图   文库   更多»

百度为您找到相关结果约100,000,000个   ▽搜索工具

◉ 为您推荐：   百度旅游   旅游百事通

🧭 携程旅游 不一样的旅行体验
CTrip携程   热门推荐: 新马泰 | 东南亚 | 港澳台 | 法意瑞 | 更多》
              线路玩法: 随心自由行 | 品质团队游 | 超值特惠汇 | 更多》
              产品类型: 低价机票 | 携程用车 | 优选酒店 | 更多》
              v.ctrip.com 2017-03 ▾ | V₃ ▾ ↑ - 3118条评价 - 广告

旅游住宿上Airbnb 专业可靠
旅行房屋租赁社区,让旅途更丰富,用不一样的方式遇见世界.即刻访问寻找你的理想独特住所 沙发
游,互助游,自助游,深度游,背包客及驴友都在点赞!
zh.airbnb.com 2017-03 ▾ V₃ ▾ - 45条评价 - 广告

🧳 错峰踏青赏花超低价 驴妈妈旅游精选线路推荐
获得网友:90%好评 - 1039条评价 - "服务周到 | 价格优惠 | 旅游信息全面"
驴妈妈旅游错峰大促超低价景点门票特价起/国内游大放价/境外游赏花更优惠,专场热卖...
www.lvmama.com 2017-03 ▾ ↑ - 广告

「众信旅游」-AAAAA级旅行社 出境游专属定制
您截旅游游特色旅游,透明消费,高端品质,多种出行选择.您与世界只差一个众信的距离!
www.uzai.com 2017-03 ▾ V₃ ▾ - 94条评价 - 广告

济南 低价门票旅游 在线预订享团购价
红包疯狂补贴,人气景区门票,订立减,在线预订门票,享受团购价格.山东领先的景区票务服务网
站.56人旅游为您精心挑选,享受团购超低价,旅游品质保障!
无门槛红包   惬意短途游   品质周边游半价起   红包限时补贴
www.56ren.com 2017-03 ▾ V₁ ▾ - 评价 - 广告

图 7-38   旅游搜索

🔲 旅游 intitle:英国_百度搜索

Bai<span></span>du百度   旅游 intitle:英国   ✕   百度一下

英国旅游_英国旅游报价2017_英国签证_英国旅游费用_途牛旅游网
        英国旅游攻略,提供英国旅游价格,英国旅游报价,英国旅游费用,英国签
              证,想找到英国哪好玩又便宜的地方就上途牛旅游网,绝对是您的不二
              之选.
              www.tuniu.com/guide/d-... ▾ V₃ ▾ ↑ - 百度快照

英国旅游攻略_英国自由行/自助游攻略_英国游玩攻略指南 - 穷游网
        英国旅游攻略,穷游网为旅行者提供英国旅游交通、签证、货币、地
              图、注意事项,分享英国旅游景点、美食、购物、线路、酒店等实用信
              息,为穷游er制订英国出游计划提供参考.
              place.qyer.com/uk/ ▾ - 百度快照 - 277条评价

2017英国旅游攻略_英国自助游攻略/自由行/行程线路【驴妈妈攻略】
游记综述:英国是个奇闻逸事颇多、名人名家辈出的地方,再加上高调的英国皇室,所以我一直对
英国非常好奇。但是家人去过英国回来的嘴里就没有一句好话,天气糟糕、物价高...

www.lvmama.com/lvyou/d... ▾ - 百度快照 - 1039条评价

2016英国旅游攻略,自助游/自驾/出游/自由行攻略/游玩攻略【... 携程
        英国 United Kingdom 携程口袋攻略 再也不用到处找攻略! 去过0 想去
              0 这里有英超的激情和田园牧歌,这里有绅士时尚和绅士风度,值得品味
              的英伦世界...
              you.ctrip.com/place/un... ▾ - 百度快照 - 184条评价

图 7-39   英国旅游搜索

2. 当我们需要检索结果中包含有两个或两个以上的查询词时，可以把几个条件之间用"＋"号连接。这样关键字串一定会出现在结果中，例如，输入"计算机文化基础＋网络"，所得搜索结果如图7－40所示。在查询词之间用空格相连，可以获得相类似的效果。如果在查询某个题材时并不希望在这个题材中包含另一个题材，这时可以使用"－"号。

图7－40 计算机文化基础＋网络搜索

3. 输入"计算机文化基础 filetype：doc"搜索，可以搜索和计算机文化基础相关的 Word 文件，如图7－41所示。使用关键词"filetype"，可以将搜索的文件限定在特定的格式。

4. 输入"《人工智能及其应用》"搜索，如图7－42所示，查询词加上书名号"《》"有两层特殊功能：一是书名号会出现在搜索结果中；二是被书名号扩起来的查询词，不会被拆分。将书名号替换成双引号时，搜索的内容同样不会被拆分，可以对查询词精确匹配。

计算机文化基础 filetype:doc 　　　　　　　　　　　　　　　✕　百度一下

W 计算机文化基础知识点总结(经典版)考试专用_百度文库
★★★★☆ 评分:4/5 14页
2013年4月3日 - 计算机文化基础知识点总结(经典版)考试专用_其它_高等教育_教育专区。自己总结,如有不妥敬请各位广大读者提出意见。计算机文化基础知识点总结一、...
wenku.baidu.com/link?u... ▼ V₃ - 评价
　2011山东专升本计算机文化基础真题及答案.doc　　　评分:4/5　　　　7页
　《计算机文化基础》第一次作业答案.doc　　　　　评分:4.5/5　　　8页
　计算机基础样题(大一入学考试).doc　　　　　　评分:3.5/5　　　11页
　更多文库相关文档>>

W 计算机文化基础课程描述_百度文库
★★★★☆ 评分:4.5/5 5页
2011年9月7日 - 计算机文化基础课程描述_教育学_高等教育_教育专区。《计算机文化基础》课程描述 一、课程性质 《计算机文化基础》是新生入校的第一门计算机课程,是支...
wenku.baidu.com/link?u... ▼ V₃ - 百度快照 - 评价

W 计算机文化基础全部习题及答案_百度文库
2014年6月24日 - 计算机文化基础全部习题及答案_IT认证_资格考试/认证_教育专区 暂无评价|0人阅读|0次下载|举报文档 计算机文化基础全部习题及答案_IT认证_资格考试/认...
wenku.baidu.com/link?u... ▼ V₃ - 百度快照 - 评价

【DOC】山东省2014年普通高等教育专升本 计算机(公共课)考试要求
文件格式:DOC/Microsoft Word - HTML版
大纲依据山东省教育厅《关于加强普通高校计算机基础教学的意见》(鲁教高字(1995)9号)中所要求的计算机教学的基本目标,根据当前山东省高校计算机文化基础课程教学的...
www.sdzs.gov.cn/zsb/20... ▼ 百度快照 - 评价

【DOC】教学简讯
文件格式:DOC/Microsoft Word - HTML版
11.教学过程管理形成的材料收集不及时,不完整;反映培养质量的材料,考研、就业、四六级通过率、计算机文化基础考试等情况的统计资料不完善。 12、有些专业校级以上...
jwch.sdut.edu.cn/uploa... ▼ 百度快照 - 93条评价

图 7 - 41　Word 搜索

《人工智能及其应用》 　　　　　　　　　　　　　　　　　　✕　百度一下

网页　新闻　贴吧　知道　音乐　图片　视频　地图　文库　更多»

百度为您找到相关结果约165,000个　　　　　　　　　　▽搜索工具

《人工智能及其应用(第三版)》[蔡自兴、徐光祐著]_PDF_百度知道
1个回答 - 提问时间: 2013年12月10日
资源介绍:《人工智能及其应用(第三版)》[蔡自兴、徐光祐著] 点击下载 下载量:523 大小:5.51 MB | 所需财富值:0 已经过百度安全检测,请放心下载>>
更多关于《人工智能及其应用》的问题>>
zhidao.baidu.com/share... ▼ 百度快照 - 评价

人工智能及其应用 第4版(蔡自兴) pdf_微盘下载
人工智能及其应用 第4版(蔡自兴) pdf下载 下载:1103次 使用协议 | @微盘官方微博 | 更新日志 | 帮助 | 意见反馈 | wap版 | 对外合作 | 开放平台 | 产品...
vdisk.weibo.com/s/cE9U... ▼ 百度快照 - 668条评价

图 人工智能及其应用_图文_百度文库
2016年7月16日 - 人工智能及其应用制作单位:兴宁一中IT教研组 人工智能及其应用一、走近人工智能 二、人工智能的研究领域 三、人工智能的具体应用 四、课堂小结 五、课...
wenku.baidu.com/link?u... ▼ V₃ - 评价
　人工智能及其应用(蔡自兴)课后答案.doc　　　评分:4.5/5　　　9页
　《人工智能及其应用》第01章.ppt　　　　　　评分:3/5　　　　33页
　浅析人工智能应用领域.pdf　　　　　　　　　评分:4.5/5　　　3页
　更多文库相关文档>>

人工智能学习笔记(一):简述人工智能的应用领域 - sinat_33397120...
2016年3月5日 - CSDN日报20170226——《你离心想事成只差一个计划》 程序员1月书讯 【招募】...一、人工智能的应用领域 1.博弈 状态空间搜索的大多数早期研究都是针对...
blog.csdn.net/sinat_33... ▼ 百度快照 - 1713条评价

《人工智能及其应用(第三版)》[蔡自兴、徐光祐著]_PDF_下载频道...
2012年10月21日 - 《人工智能及其应用(第三版)》[蔡自兴、徐光祐著]_PDF 2012-10-21上传大

图 7 - 42　书名号搜索

5. 在浏览器打开网址"www. baidu. com",依次单击"更多产品"→"全部产品"→"百度学术"按钮,输入"算法设计",如图 7-43 所示,就可以搜索关于"算法设计"的各种相关论文。

图 7-43 学术搜索

三、拓展作业

在浏览器打开网址"www. baidu. com"输入"最高的山",然后点击"百度一下"进行搜索,同时依次使用搜狗"www. sogou. com"、360 搜索"www. so. com"和必应搜索"http://cn. bing. com/"搜索"最高的山",对比搜索结果。

综合练习

一、单项选择题

1. 在计算机网络中,共享的资源主要是指硬件、_____与数据。

  A. 外设   B. 通信信道   C. 主机   D. 软件

2. 在 OSI 的 7 层模型中,主要功能是在通信子网中实现路由选择的层次为_____。

  A. 传输层   B. 网络层   C. 数据链路层   D. 物理层

3. 下列选项中，属于集线器功能的是_____。

A. 连接各电脑线路间的媒介　　　　　　B. 增加局域网络的下载速度

C. 增加局域网络的上传速度　　　　　　D. 以上皆是

4. 局域网具有的几种典型的拓扑结构中，一般不含_____。

A. 星型　　　　　B. 环型　　　　　C. 总线型　　　　　D. 全连接网型

5. 在计算机网络中，所有的计算机均连接到一条通信传输线路上，在线路两端连有防止信号反射的装置。这种连接结构被称为_____。

A. 总线结构　　　B. 环型结构　　　C. 星型结构　　　D. 网状结构

6. 在拓扑结构上，快速交换以太网采用_____。

A. 总线型拓扑结构　　　　　　　　　　B. 环型拓扑结构

C. 星型拓扑结构　　　　　　　　　　　D. 树型拓扑结构

7. 计算机网络在逻辑上可以分为_____。

A. 通信子网与共享子网　　　　　　　　B. 通信子网与资源子网

C. 主从网络与对等网络　　　　　　　　D. 数据网络与多媒体网络

8. 下列功能中，哪一个最好地描述了 OSI 模型的数据链路层_____。

A. 保证数据正确的顺序、无差错和完整

B. 处理信号通过介质的传输

C. 提供用户与网络的接口

D. 控制报文通过网络的路由选择

9. 下列不属于 OSI 参考模型分层的是_____。

A. 物理层　　　　B. 数据链路层　　　C. 网络接口层　　　D. 应用层

10. 下列属于计算机局域网的是_____。

A. 校园网　　　　B. 国家网　　　　C. 城市网　　　　D. 因特网

11. 选择网卡的主要依据是组网的拓扑结构，网络段的最大长度、节点之间的距离和_____。

A. 接入网络的计算机种类　　　　　　　B. 使用的传输介质

C. 使用的网络操作系统　　　　　　　　D. 互联网络的规模

12. OSI 参考模型的物理层和数据链路层解决的是_____。

A. 协议转换过程　　　　　　　　　　　B. 传输服务问题

C. 应用进程通信问题　　　　　　　　　D. 网络信道问题

13. 在 OSI 模型中，_____的任务是选择合适的路由。

A. 传输层　　　　B. 物理层　　　　C. 网络层　　　　D. 会话层

14. 网桥是一种工作在_____层的存储—转发设备。

A. 数据链路　　　B. 网络　　　　C. 应用　　　　D. 传输

15. _____不是网络协议的主要要素。

A. 语法　　　　B. 结构　　　　C. 时序　　　　D. 语义

16. 下列_____不属于网络软件。

A. 浏览器　　　　　B. FTP　　　　　C. TCP/IP　　　　　D. Office

17. 利用双绞线联网的网卡采用的接口是_____。

A. ST　　　　　B. SC　　　　　C. BNC　　　　　D. RJ－45

18. 网络协议主要要素为_____。

A. 数据格式、编码、信号电平

B. 数据格式、控制信息、速度匹配

C. 语法、语义、时序

D. 编码、控制信息、定时

19. 数据链路层的数据块被称为_____。

A. 信息　　　　　B. 报文　　　　　C. 比特流　　　　　D. 帧

20. 下列有关集线器说法中，不正确的是_____。

A. 集线器只能提供信号的放大功能，不能中转信号

B. 集线器可以堆叠、级连使用，线路总长度不能超过以太网最大网段长度

C. 集线器只包含在物理层协议

D. 集线器的端口彼此独立，不会因某一端口的故障影响其他用户

21. 双绞线用于10/100Mb/s局域网时，使用距离最大为_____。

A. 100 米　　　　　B. 80 米　　　　　C. 50 米　　　　　D. 20 米

22. 目前在企业内部网与外部网之间，检查网络传送的数据是否会对网络安全构成威胁的主要设备是_____。

A. 网关　　　　　B. 交换机　　　　　C. 防火墙　　　　　D. 路由器

23. 用来补偿数字信号在传输过程中衰减损失的设备是_____。

A. 网卡　　　　　B. 网桥　　　　　C. 中继器　　　　　D. 路由器

24. 网络中央节点是整个网络的瓶颈，必须具有很高的可靠性。中央节点一旦发生故障，整个网络就会瘫痪。那么这种网络拓扑结构属于_____。

A. 星型拓扑　　　　　B. 总线拓扑　　　　　C. 环形拓扑　　　　　D. 网状拓扑

25. 在TCP/IP体系结构中，TCP/IP所提供的服务层次分别为_____。

A. 网络成和链路层　　　　　　　　　B. 传输层和网络层

C. 链路层和物理层　　　　　　　　　D. 应用层和传输层

26. 主机的IP地址为165.95.116.39，对应的子网掩码为255.255.0.0，那么主机的标识是_____。

A. 39　　　　　B. 165.95.116　　　　　C. 165.95　　　　　D. 116.39

27. 用户可以使用_____命令检测网络连接是否正常。

A. Ping　　　　　B. IPConfig　　　　　C. FTP　　　　　D. Telnet

28. 下列不属于_____不属于"Internet 协议（TCP/IP）属性"对话框选项。

A. IP 地址　　　　　B. 子网掩码　　　　　C. 默认网关　　　　　D. 诊断地址

29. 在 OSI 的 7 层模型中，主要功能是在通信子网中实现路由选择的层次为_____。

    A. 网络层   B. 传输层   C. 数据链路层   D. 物理层

30. 目前大量使用的 IP 地址中，_____地址的每一个网络的主机个数最多。

    A. A   B. B   C. C   D. D

31. 计算机传输介质传输最快的是_____。

    A. 铜质电缆   B. 同轴电缆   C. 双绞线   D. 光缆

32. 计算机网络按_____不同，可以分成有线网和无线网。

    A. 传输介质   B. 使用性质   C. 覆盖范围   D. 拓扑结构

33. CSTNet 指的是_____。

    A. 中国教育和科研计算机网

    B. 国家公用经济信息通信网络

    C. 中国科技信息网

    D. 中国公用计算机互联网

34. 211. 33. 139. 2 代表一个_____类的 IP 地址

    A. A   B. B   C. C   D. D

35. 广域网的英文缩写_____。

    A. WAN   B. MAN   C. JAN   D. LAN

36. 资源子网由_____组成。

    A. 主机、终端控制器、终端

    B. 计算机系统、通信链路、网络节点

    C. 主机、通信链路、网络节点

    D. 计算机系统、终端控制器、通信链路

37. TCP/IP 体系结构定义了一个_____层模型。

    A. 8   B. 7   C. 5   D. 4

38. 目前大量使用的 IP 地址中，适用于大型网络的 IP 地址是_____。

    A. C   B. B   C. A   D. D

39. 以下网络类型中，_____是按拓扑结构划分的网络分类。

    A. 无线网   B. 星型网   C. 公用网   D. 城域网

40. 在组成网络协议的三要素中，_____是指需要发出何种控制信息，以及完成的动作与作出的相应。

    A. 语义   B. 语法   C. 接口   D. 时序

41. 计算机网络是计算机技术与_____技术紧密结合的产物。

    A. 软件   B. 交换   C. 自动控制   D. 通信

42. 下列关于网桥的说法中，正确的是_____。

    A. 网桥是一种工作在数据链路层的存储—转发设备

B. 网桥都有唯一的 IP 地址

C. 网桥工作在物理层

D. 网桥具有路由选择功能

43. TCP/IP 参考模型的最底层是_____。

A. 物理层　　　　　B. 应用层　　　　C. 网络接口层　　　D. 传输层

44. 用 16 位来标识网络号，16 位标志主机号的 IP 地址类别为_____。

A. A 类　　　　　B. B 类　　　　　C. C 类　　　　　D. D 类

45. OSI 参考模型的数据链路层的功能包括_____。

A. 处理信号通过物理介质的传输

B. 控制数据包通过网络的路由选择

C. 保证数据的正确顺序、无差错和完整性

D. 提供用户与网络系统之间的接口

46. 一座大楼内的一个计算机系统，属于_____。

A. PAN　　　　　B. WAN　　　　　C. LAN　　　　　D. MAN

47. 从逻辑功能上看，可以把计算机网络分成通信子网和资源子网，其中，通信子网主要包括_____。

A. 资源子网和通信链路　　　　　B. 网络节点和通信子网

C. 通信子网和资源子网　　　　　D. 网络节点和通信链路

48. 在两台机器上的 TCP 协议之间传输的数据单元叫做_____。

A. 分组　　　　　B. 消息　　　　　C. 报文　　　　　D. 原语

49. 因特网是目前世界上第一大互联网，它起源于美国，其雏形是_____。

A. NCFC　　　　　B. CERNET　　　　C. GBNET　　　　D. ARPANET

50. 在 Internet 网上进行通信时，为了标识网络和主机，需要给它们定义唯一的_____。

A. 主机名称　　　B. 服务器标识　　　C. IP 地址　　　D. 通信地址

51. IP 地址是一个 32 位的二进制，它通常采用点分_____。

A. 二进制数表示　　　　　　B. 八进制数表示

C. 十进制数表示　　　　　　D. 十六进制数表示

52. DNS 是指_____。

A. 域名服务器　　B. 发信服务器　　　C. 收信服务器　　D. 邮箱服务器

53. 某用户在域名为 mail. sdupsl. edu. cn 的邮件服务器上申请了一个电子邮箱，邮箱名为 wang，那么下面哪一个为该用户的电子邮件地址_____。

A. mail. sdupsl. edu. cn@ wang　　　　B. wang% mail. sdupsl. edu. cn

C. mail. sdupsl. edu. cn% wang　　　　D. wang@ mail. sdupsl. edu. cn

54. 在 OSI 模型中，_____允许在不同机器上的两个应用建立、使用和结束会话。

A. 表示层　　　　　　B. 会话层　　　　　　C. 网络层　　　　　　D. 应用层

55. 在 OSI 中，为实现有效、可靠的数据传输，必须对传输操作进行严格的控制和管理，完成这项工作的层次是_____。

A. 物理层　　　　　　B. 数据链路层　　　　C. 网络层　　　　　　D. 传输层

56. 下列哪一项不是 LAN 的主要特性_____。

A. 运行在一个宽广的地域范围

B. 提供多用户高宽带介质访问

C. 延迟低、可靠性高、误码率低

D. 连接物理上接近的设备

57. 在总线结构局域网中，关键是要解决_____。

A. 网卡如何接收总线上的数据的问题

B. 总线如何接收网卡上传出来的数据的问题

C. 网卡如何接收双绞线上的数据的问题

D. 多节点共同使用数据传输介质的数据发送和接收控制问题

58. 网络互联设备是实现网络互联的关键，它们有四种主要的类型，其中属于数据链路层的是_____。

A. 中继器　　　　　　B. 网桥　　　　　　　C. 路由器　　　　　　D. 网关

59. 校园网架设中，作为本校园与外界的连接器应采用_____。

A. 中继器　　　　　　B. 网桥　　　　　　　C. 网关　　　　　　　D. 路由器

60. 路由器技术的核心内容是_____。

A. 路由算法和协议　　　　　　　　　　B. 提高路由器性能方法

C. 网络地址复用方法　　　　　　　　　D. 网络安全技术

二、判断题

1. TCP/IP 是一个事实上的国际标准。（　）

2. 利用 IPConfig 命令可以查看本机的 IP 地址和子网掩码。（　）

3. 每个网卡都有一个固定的全球唯一的物理地址，称为 MAC 地址。（　）

4. FTP 是客户机/服务器系统。（　）

5. 当个人计算机以拨号方式接入因特网时，必须使用的设备是电话机。（　）

6. 网络协议的关键要素是语法、语义和时序。（　）

7. 用户在网络时，可使用 IP 地址或域名地址。（　）

8. 光纤的信号传输利用了光的全发射原理。（　）

9. IPv6 作为下一代的 IP 协议，采用 128 位地址长度。（　）

10. 集线器是计算机网络连接多台计算机或其他设备的连接设备。（　）

三、填空题

1. 计算机网络的发展方向是_____＋光网络，光网络将会演进为全光网络。

2. 计算机网络按传输介质的不同可以分成_____和_____。

3. 计算机共享资源主要是指计算机的_____、_____和_____。

4. 子网掩码的作用之一是判断任意两台计算机是否属于_____，可否进行直接通信。

5. 目前构建局域网时，可使用的传输介质有双绞线、同轴电缆、_____和无线通信信道四大类。

6. 光纤通信中，按使用的波长区之不同，分为_____光纤通信方式和_____光纤通信方式。

7. OSI 的会话层处于_____层提供的服务之上，给_____层提供服务。

8. 每个以太网卡在出厂时都被赋予了一个全世界范围内唯一的地址，该地址是一串_____进制的数。

9. 网桥完成_____间的连接，可以将两个或多个网段连接起来。

10. WWW 系统所使用的协议是_____。

第8章 网页制作

实验一 用"记事本"制作网页

一、实验目的及实验任务

（一）实验目的

了解常用 HTML 标记的意义和语法，掌握 HTML 文件的基本结构，学会使用"记事本"编辑简单的 HTML 文件。

（二）实验任务

使用"记事本"编辑简单的 HTML 文件"jianli. html"（如图 8-1 所示），要求：

比熊犬介绍

欢迎惠顾！

中文名称	比熊犬
别称	特内里费狗 巴比熊犬 比雄犬
科	犬科
分布区域	主要分布在欧洲

图 8-1　比熊犬网页

1. 设置网页标题为"个人简历"。

2. 插入图片。

3. 使用表格介绍基本情况。

二、实验所需素材

"实验素材 \ 第 8 章 \ 实验一"。

三、实验操作过程

1. 网站结构的组织。新建以"mysite"命名的文件夹，在该文件夹内建立一个名为"images"的文件夹（路径为 D：\ mysite \ images），把实验素材中的"bixiong. jpg"复制到"images"文件夹下。

2. 单击"开始"→"程序"→"附件"→"记事本"，打开"记事本"，输入以下内容：

< html >

< head >

< title > 比熊犬介绍 </title >

</head >

< body >

< palign = center > 比熊犬介绍 </p >

< hrcolor = < "#0000FF" >

< marquee > 欢迎惠顾！ </marquee >

< table border = "2" align = "center" >

< tr >

< td colspan = "10" >

< img src = "images/bixiong. jpg" alt = "可爱狗狗" > </td >

</tr >

< tr >

< td > 中文名称 </td >

< td > 比熊犬 </td >

</tr >

< tr >

< td > 别称 </td >

< td > 特内里费狗 < br >

巴比熊犬 < br >

比雄犬 </td >

</tr >

< tr >

< td > 科 </td >

< td > 犬科 < /td >

< /tr >

< tr >

< td > 分布区域 < /td >

< td > 主要分布在欧洲 < /td >

< /tr >

< /table >

< hr color = < " #0000FF " >

< /body >

< /html >

3. 选择"文件"菜单中的"另存为"命令，在弹出的"另存为"对话框中，选择"D：\ mysite"文件夹，输入文件名："bixiong. html"，单击"保存"按钮。

4. 双击文件"bixiong. html"，将在浏览器窗口显示刚才设计的网页。

四、实验分析及知识拓展

1. HTML 文件包括头部（head）和主体（body）两部分。< title > < /title > 标记位于头部，其中的内容会显示在浏览器的标题栏上。

2. 网页文件是文本文件，不包含图像、音频、视频等媒体。浏览器作为网页解释器，对 HTML 标记的语法和属性进行解析并正确地显示文本、图像等元素。

3. 除"记事本"外，Word、"写字板"、Dreamweaver、Frontpage 等软件都可以用来编辑制作网页。

4. 标记按形态分为双标记与单标记。< html > < /html >、< p > < /p > 等将内容围住，是双标记。< hr >、< br >、< img > 只有起始标记，没有终结标记，叫作单标记。

5. < p > < /p > 标记表示一个段落。< br > 是换行符，其前后的内容属于同一段。

6. < img src = " images/bixiong. jpg" alt = " 可爱狗狗"/ > 标记中的 src、alt 是该标记的属性。src 指出图像文件的路径名，alt 属性指定鼠标悬停在图像上或图像不显示时的替换文字。

7. 把信息放到表格 < table > < /table > 中。< tr > < /tr > 定义表格的行。< td > < /td > 在行内，定义数据单元格。表格数据一般放在 < td > < /td > 标记中。

实验二　搭建本地站点和创建基本网页

一、实验目的及实验任务

（一）实验目的

1. 掌握在 Dreamweaver CS5 中创建本地站点和站点管理的方法。

2. 掌握文本使用和格式设置的基本方法，初步了解 CSS 的定义和套用。

3. 初步了解图片的使用方法。

（二）实验任务

1. 以"D：\ mysite"为根目录，建立"美丽中国"站点。

2. 复制"美丽中国.txt"中的内容到网页中，并插入空格，设置标题格式、有序列表和文本使用的样式（CSS），插入图片并设置图片的对齐方式（如图8-2所示）。

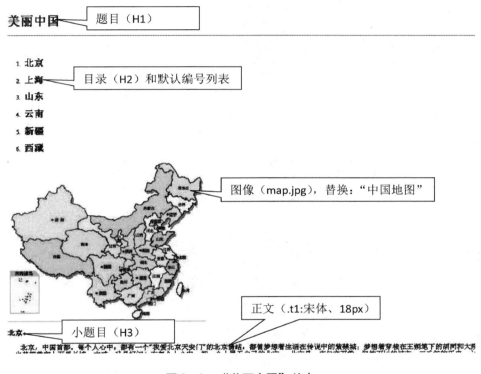

图8-2 "美丽中国"站点

3. 修改 CSS 规则，调整图片的大小、对齐方式和基本布局（如图8-3所示）。

二、实验素材

"实验素材\ 第8章\ 实验二"。

三、实验操作过程

（一）建立本地站点

1. 进入 Dreamweaver 程序窗口，在菜单栏中单击"站点"→"新建站点"命令，打开"站点设置对象"对话框（如图8-4所示）。设置站点名称为"美丽中国"，本地站点文件夹为"D：\ mysite"。保存后，可以从"文件"面板中查看和管理站点中的文件及文件夹。

美丽中国

北京:

　　北京,中国首都。每个人心中,都有一个"我爱北京天安门"的北京情结,都曾梦想着生活在传说中的紫禁城;梦想着穿梭在王府井;做梦拥着爬上万里长城,大喊:我身好汉!在每个人心中,都一个人属于自己的北京。 北京是一座包容万象,海纳百川的城市

图 8 – 3　CSS 规则修改

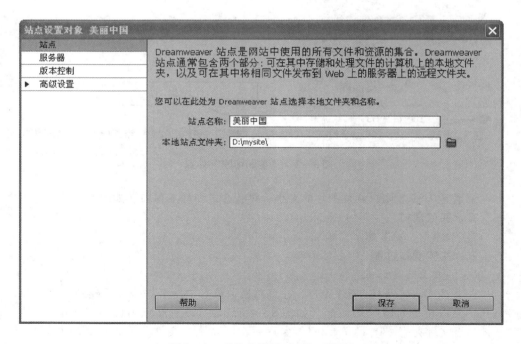

图 8 – 4　"站点设置对象"对话框

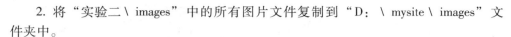

2. 将"实验二 \ images"中的所有图片文件复制到"D： \ mysite \ images"文件夹中。

（二）创建基本文件网页

1. 在 Dreamweaver 窗口中，新建"china. html"文件并保存在站点根目录下，将文档标题设置为"美丽中国"。

2. 编辑"china. html"文件，把素材"美丽中国 . txt"中的内容复制到该网页中。

3. 选择文档上方的题目"美丽中国"，在属性面板中设置其"格式"为"标题1"。单击"美丽中国"段后，执行"插入"→"HMTL"→"水平线"菜单命令插入一条水平线。然后选择其下的目录"北京"……"西藏"，设置"格式"为格式 2 和"编号列表"。逐一选择和设置正文介绍的小标题部分"北京："……"西藏："为"标题 3"格式。

4. 在每一段正文介绍的首行插入四个半角空格（快捷键为 Ctrl + Shift + Space），使首行缩进量为两个汉字。选择第一段正文"北京，中国首都。每个人心中……"在 CSS 属性面板中选择 18px，在弹出的"新建 CSS 规则"对话框中，选择器名称输入".t1"，其他选项使用默认值。

5. 确认插入点在第一段正文中，CSS 属性面板中的目标规则应是刚刚建立和套用的".t1"。单击"字体"下拉列表中"编辑字体列表"，添加字体"宋体"，并把宋体添加到"t1"样式中。第一段正文的字体自动发生变化。

6. 逐一选择其他 5 段正文，在 CSS 属性面板的"目标规则"下拉列表框中选择".t1"规则，为其他段落套用".t1"层叠样式表中定义的格式（宋体和 18px）。

7. 在目录"6. 西藏"后按 Enter 键，产生一个空段。执行"插入"→"图像"命令，在弹出的"选择图像源文件"对话框中，选择"map. jpg"图片文件，点击"确定"。在随后弹出的对话框中输入替换文本"中国地图"，点击"确定"。根据上述步骤，在其他正文后面分别插入另外 5 幅图片文件。

（三）保存并预览

按 F12 键，按提示保存网页，在默认浏览器中预览网页的效果。

（四）导出

在 Dreamweaver 中执行"站点"→"管理站点"，导出对当前站点"美丽中国 . ste"到"D： \"中。

（五）管理站点

在 Dreamweaver 中，通过"站点"菜单打开管理站点工具，删除"美丽中国"站点，然后通过导入"美丽中国 . ste"重建站点。

（六）修改". t1"规则的定义

1. 修改 CSS 样式。

（1）在 Dreamweaver 中打开"china. html"文件，并打开 CSS 样式面板（如图

8 - 5 所示），在 ".t1" 上右击鼠标，选择 "编辑"，打开 CSS 规则定义面板。

（2）在 "类型" 分类中，设置行高（Line - height）为 30 px（如图 8 - 6 所示），在 "边框" 分类中，设置线型（style）为实线（solid）、宽度（width）为细（thin）、颜色（Color）为 "#0CF"（如图 8 - 7 所示），然后单击 "确定" 按钮。

（3）确定后发现，文字和图片所在的段落都发生了变化。依次选中各个图片对象，在属性面板中设置其 "类" 属性为 "t1"。

图 8 - 5　CSS 样式面板

图 8 - 6　CSS 类型设置

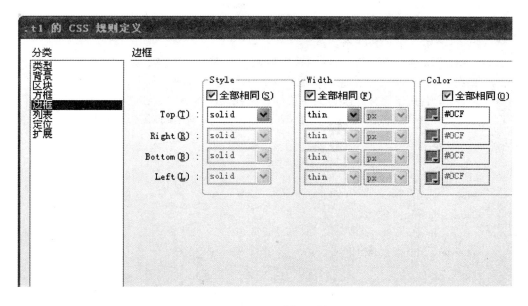

图 8-7 CSS 边框设置

2. 设置图片格式。在设计视图中选择第一张地图图片，在属性面板中设置"边框"为"2"。

3. 调整布局。在中国地图图像后按 Enter 键产生新段落，单击菜单"插入"→"表格"，插入一个 1 行 2 列的表格，宽度"700 像素"，边框为"0"。把原来的目录移到表格左边的单元格中，把地图图片移到右边的单元格中。拖动单元格框线，调整单元格到合适的宽度。

4. 用鼠标单击选中美丽中国下方的水平线，切换到代码视图。将代码"< hr/ >"改为"< hr color = "#090"/ >"，返回设计视图可以看到水平线颜色变为绿色（若无变化，可在实时视图或在浏览器中预览水平线颜色的变化）。

四、实验分析及知识拓展

1. 站点的建立不是必要的，但是建立站点便于管理站点中的文件和文件夹。在"文件"面板中可以选择不同站点或本地磁盘上的目录，以查看和管理有关内容。

2. 标题标记（Hn）从 H1 ~ H6 共 6 级，n 值越大，字号越小。

3. 文本可以输入、复制和导入。在文本编辑时，按 Enter 键另起一段，按 Shift + Enter 键另起一行，分别对应标记 < p > </p > 和 < br >。

4. 列表包括有序列表和无序列表，它们可以相互嵌套，通过缩进、凸出命令可以设置不同的列表级别。

5. 输入空格除用快捷键外，还可以通过菜单"插入"→"HTML"→"特殊字符"→"不换行空格"、全角空格、修改代码等方式输入。在代码窗口中，" "表示一个半角空格。

6. 图像插入后，可以在属性面板中修改它的源文件、宽、高、替换、对齐等属性。在保存过的网页文件中插入本地图像，Dreamweaver 默认使用相对路径。

7. CSS 全名是层叠样式表，又叫目标规则或类。本例中，在文档的头部对它进行了定义。切换到代码或拆分视图，在 < head > </head >之间对".t1"样式有这样的定义：

       < style type = "text/css" >

.t1 ｛

   font – size：18px；

   font – family："宋体"；

   line – height：30px；

   border：thin solid#0CF；

｝

  </style >

在段落中，对".t1"规则的引用是这样的：< p class = "t1" >。

8. 对站点的定义对本机 Dreamweaver 有效。站点定义不会随站点素材一起移动。导出的站点文件"美丽中国 . ste"是一个文本文件，不包括网站中的网页文件和图像文件。

实验三 多媒体在网页中的创建与应用

一、实验目的及实验任务

（一）实验目的

1. 了解鼠标经过图像的插入方法，学会设置图像的对齐方式。

2. 掌握 Flash（SWF）、音频、视频的使用技巧。

3. 初步了解表格布局技术。

4. 进一步了解 CSS 的使用。

（二）实验内容

1. 插入鼠标经过图像，并设置图像对齐方式为居中对齐。

2. 插入 Flash 文件，并设置其对齐方式为左对齐。

3. 插入 FLV 视频，利用插件插入 MP3 音频，并进行设置。

4. 链接外部 CSS 文件，对含有小标题的嵌套表格套用 CSS 样式。

5. 插入背景音乐。

本实验局部效果如图 8 – 8 所示。

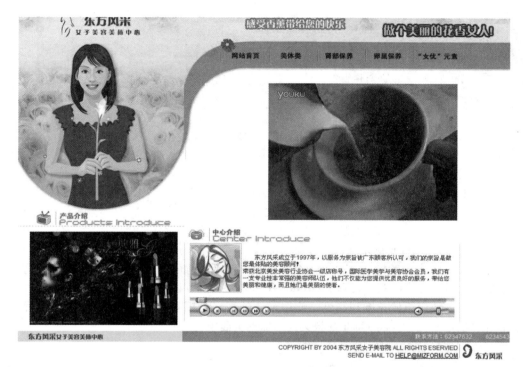

图8-8 实验三局部效果

二、实验所需素材

"实验素材 \ 第8章 \ 实验三"。

三、实验操作过程

（一）插入鼠标经过图像

打开"meirong. html"网页，单击"产品介绍"下方的单元格，执行菜单"插入"→"图像对象"→"鼠标经过图像"命令，通过"浏览"按钮添加"images"文件夹中的原始图像"jh1. gif"和鼠标经过图像"jh2. gif"（如图8-9所示），其他使用默认值，点击"确定"。选择刚刚插入的图像，在属性面板中设置垂直边距和水平边距皆为5，对齐方式为"居中对齐"（如图8-10所示）。

图像名称：	Image11
原始图像：	images/jh1.jpg　浏览…
鼠标经过图像：	images/jh2.jpg　浏览…
	☑ 预载鼠标经过图像

图8-9 鼠标经过图像

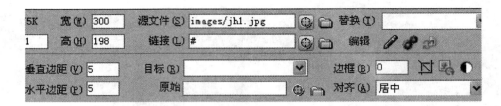

图 8－10　图像属性

（二）插入 Flash 文件

单击第一个单元格，执行"插入"→"媒体"→"SWF"命令，然后插入"media"文件夹中的"main. swf"影片文件，点击"确定"两次。选择文档中的Flash 对象，在属性面板中设置对齐方式为"右对齐"。

（三）插入 Flash 视频（FLV）

1. 鼠标单击导航栏下方的第一个单元格，执行"插入"→"媒体"→"FLV"命令，在弹出的对话框中找到"media \ f1. flv"文件，点击"确定"。单击"检测大小"按钮，使用原始宽度和高度，使用默认外观（如图 8－11 所示）。设置完成后，单击"确定"按钮，将 Flash 视频文件添加到页面中。

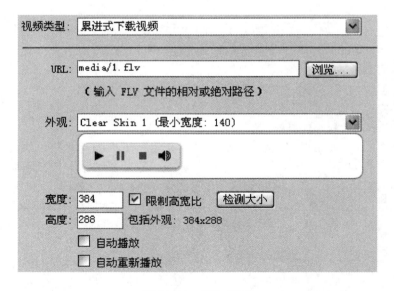

图 8－11　插入 FLV

2. 单击网页上的视频对象，在标签选择器中单击"＜td＞"标签，选中视频对象所在的单元格。在属性面板中，设置单元格水平"居中对齐"（如图 8－12 所示）。

（四）插入图像占位符

1. 单击中心介绍图片下方的第一个单元格，执行"插入"→"图像对象"→"图像占位符"命令，打开图像占位符对话框，设置其名称为"beauty"，宽度和高度为"100"，其他属性默认，在此单元格中插入图像占位符（如图8－13所示）。

图8－12　视频属性　　　　　　图8－13　插入图像占位符

2. 双击图像占位符，打开图像选择对话框，将其替换为"images \ beauty. jpg"文件。

（五）插入音频

1. 单击"beauty"图片下方的单元格，执行"插入"→"媒体"→"插件"命令，选择"lost beauty. mp3"文件，单击"确定"。

2. 选择网页中的插件对象，在属性面板中设置其宽度为538，高为40。

3. 在插件对象上右击鼠标，选择快捷菜单中的"编辑标签"命令，在弹出的对话框中勾选"自动开始"，然后再去掉对"自动开始"的勾选。这样，可以由用户控制开始音乐的播放。

（六）使用外部 CSS 样式表文件

打开 CSS 样式面板，单击其下方的附加样式表按钮，选择"style. css"样式表文件，单击"确定"，查看网页变化。

（七）插入背景音乐

1. 在 Dreamweaver 中，切换到代码视图，在 < body > 标签内单击，执行"插入"→"标签"菜单命令，在弹出的标签选择器中，找到并选中"bgsound"标签（如图8－14所示），单击"插入"按钮。

2. 在标签编辑器（如图8－15所示）中，浏览并选中要添加的文件，设置"循环"等参数，点击"确定"，"关闭"。以上操作步骤也可在代码窗口中添加如下代码：< bgsound src = "media/back. mp3"loop = " – 1"/ > 。

四、实验分析及知识拓展

1. 常用图像格式有 GIF、JPG、PNG 等，其中，GIF 格式支持动画和透明背景，

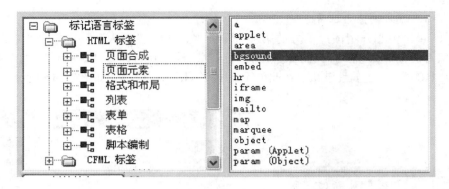

图 8-14   标签选择器

bgsound - 常规

源: media/back.mp3   浏览...

循环: 无限

平衡:

音量:

延迟:

图 8-15   标签编辑器

最多显示 256 种颜色，PNG 格式也支持透明背景。在 Dreamweaver 中，可以对文档中的图像进行裁切、亮度/对比度、锐化等修改，也可以使用外部图像处理软件对图像进行编辑。

2. 鼠标经过图像会用到行为或 Javascript 脚本，预览时要"允许阻止的内容"。

3. 插入 Flash 文件后，在属性窗口中通过"Wmode"属性设置 Flash 文件的背景透明或不透明。

4. 插入其他视频格式可以利用插件，详细请参考插入音频的方法。

5. 利用标签选择器选择表格元素的方法是：首先单击单元格中的对象，然后在标签选择器中单击"< td >""< tr >""< table >"等可以选择对象所在的单元格、行、表格，甚至父表格。

6. 音频格式有 MID 和波形音频两大类。MID 是数字乐谱，不能合成语音。MP3、WAV 等都属于波形音频，能够表现语音、音乐、音效等内容。

7. CSS 样式按其保存的位置分为"仅限该文档"和独立的样式表文件（.css）。

实验四 使用超链接组织网页

一、实验目的及实验任务

（一）实验目的

1. 初步了解框架布局技术。
2. 掌握建立超级链接的方法，会使用跳转菜单。
3. 了解行为的使用方法。
4. 学会通过页面属性设置超级链接的样式。

（二）实验内容

1. 建立文本和图像基本链接、热点链接。
2. 设置链接属性中的源文件、目标地址等。
3. 插入跳转菜单，会增删菜单项和设置转到 URL、打开窗口等选项。
4. 添加"打开浏览器窗口"行为。
5. 设置页面属性：链接（CSS）。
6. 使用图像热点和锚记设置超链接。

本实验局部效果如图 8－16 所示。

图 8－16 网页效果

二、实验所需素材

"实验素材 \ 第 8 章 \ 实验四"。

三、实验操作过程

（一）打开实验素材中的"index. html"文件

在该文件中包括三个文件，其中，"index. html"是框架集文件，用来将浏览器切分为多个窗口，包含左右两个框架 leftframe 和 mainframe（如图 8 – 17所示），"link. html"文件显示在左框架中，"changcheng. html"文件显示在右框架中（如图 8 – 18 所示）。

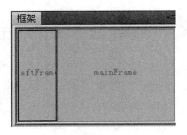

图 8 – 17   框架布局

图 8 – 18   框架属性设置

（二）设置超级链接

1. 选择左框架（1frame）中的"美丽中国"文本，在 HTML 属性面板中设置"链接"属性为"html/meilizhongguo/china. html"。设置链接属性时，可以通过"浏览"按钮或指向文件按钮等具体方式。"目标"属性设置为"mainframe"，如图 8 – 19 所示。

图 8 – 19   超级链接属性的设置

2. 同样设置"可爱比熊""美容养生"的链接文件分别为"html/bixiong/bixiong. html""html/meirongyangsheng/meirong. html"。

3. 选择"与我联系"文本，在链接属性中输入"mailto：xiaoming@163.com"。

4. 选择百度图片，在链接属性中输入"http：//www.baidu.com"，目标设置为"_blank"。

（三）插入跳转菜单

1. 在"友情链接"下方的单元格中单击，执行"插入"→"表单"→"跳转菜单"命令。

2. 在跳转菜单对话框中，通过编辑"文本""选择时，转到URL"添加多个菜单项，设置每个菜单项的打开框架，勾选"菜单之后插入前往按钮"，如图8-20所示。

图8-20　跳转菜单

（四）加载（onLoad）页面时打开浏览器窗口

1. 鼠标在右侧mainframe区域内任意位置单击，然后单击标签选择器中的<body>标签，选中网页主体。

2. 打开行为面板，单击"添加行为"按钮添加"打开浏览器窗口"行为。要显示的URL设置为"welcome.html"文件，窗口宽度200，窗口高度150，窗口名称"欢迎光临！"，行为面板中的触发事件为"onLoad"，如图8-21、图8-22所示。

图8-21　打开浏览器窗口

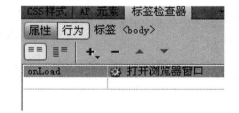

图8-22　行为面板

（五）"链接（CSS）"设置

单击左框架（leftframe）中的"link.html"页面，执行"修改"→"页面属性"菜单命令，在页面属性对话框中，设置链接四种不同状态的四种颜色，下划线样式为"始终无下划线"（如图8-23所示）。

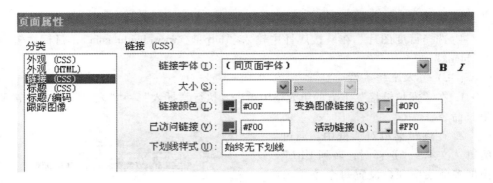

图 8 – 23 超链接的属性

（六）使用图像热点和锚记设置超级链接

1. 添加锚记。打开"实验四/html/meilizhongguo/china. html"文件，在小标题"北京："后面单击，确定插入锚记的位置。执行"插入"→"命名锚记"菜单命令，锚记名称为"北京"。在此处可见锚记标记。

2. 建立锚记链接。选中目录中的文本"1. 北京"，在其 HTML 属性面板的链接属性中输入"#beijing"（如图 8 – 24 所示）。用同样的方法，在网页其他地方添加锚记，并设置热点链接。

图 8 – 24 锚记链接

3. 添加图像热点，并设置热点链接。单击网页上方的地图图像，使用属性面板中的多边形热点工具在图像上创建热点，覆盖住图中"西藏"区域。选择刚创建的热点，在属性面板的"链接"文本框中输入"#xizang"，"替换"为"西藏"，如图 8 – 25 所示。用同样的方法，在网页其他地方添加图像热点，并设置热点链接。

4. 锚记是链接地址的一种，也可以作为文字或图像的链接目标。如果要链接到其他网页中的锚记，则链接属性格式为"路径/网页文件名/#锚记名"。

四、实验分析及知识拓展

1. 超级链接的创建方法：使用属性面板中的"链接"文本框、指向文件图标和"浏览"按钮，使用"插入"→"超级链接"菜单命令，在代码中编辑 < a > 标记。

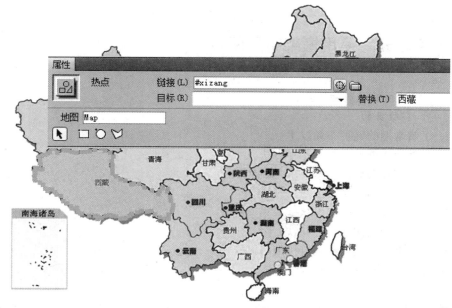

图 8 - 25　图像热点

2. 超级链接目标属性指定打开链接的地方：_ self（当前框架（默认））、_ new（在同一个新窗口）、_ blank（新窗口）、_ top（当前浏览器窗口）、_ parent（父框架）。

3. 空链接是链接目标地址为"#"的链接，在链接属性中输入空脚本"javas-cript;"也能建立空链接。

4. 行为的三个要素是对象、事件和动作。例如，网页"主体（body）""加载（onLoad）"时，"打开浏览器窗口"。在这里，"主体"是行为依附的对象，"加载"是触发操作的事件，"打开浏览器窗口"是行为实现的动作。

5. 当在页面属性中设置了"链接（CSS）"后，在网页头部的 < style > 标记中有对超级链接样式的定义。为查看超级链接设置的效果，在网页预览前，请清除浏览器的历史记录。

6. 在超级链接上右击鼠标，在弹出的菜单中选择"目标另存为"可以把链接的目标文件下载下来。单击超级链接时，网页文件、图像文件、Flash 动画通常在浏览器窗口中显示，而压缩文件、程序文件会弹出下载对话框。

7. 本实验中对超级链接的所有设置实际上是保存在"link. html"文件中的。"index. html"文件只负责窗口的切割，即分为左右两个框架。每个框架都可以显示一个源文件。执行"文件"→"保存全部"菜单命令时，会保存三个文件。

8. 链接路径分为相对路径、绝对路径和站点根目录路径。本地地点中的链接最好使用相对路径，这样便于站点整体移植。链接到网络上的路径（如 http://www. baidu. com）要使用绝对路径。

实验五 使用框架布局网页

一、实验目的及实验任务

（一）实验目的

1. 了解常用的网页布局技术。

2. 掌握使用框架布局的基本方法。

3. 了解网页布局的基本要求。

（二）实验内容

1. 学习新建、修改和保存框架集文件。

2. 设置框架的源文件等属性。

3. 结合框架，设置超级链接的目标属性。

本实验局部效果如图 8 – 26 所示。

图 8 – 26 网页效果

二、实验所需素材

"实验素材 \ 第8章 \ 实验五"。

三、实验操作过程

（一）新建、修改和设置框架集

1. 把本实验素材复制到"D：\ mysite"文件夹中，启动 Dreamweaver CS5，建立"我的作品"站点，执行"文件"→"新建"命令，打开"新建文档"对话框。选择"示例中的页"→"框架页"→"上方固定，下方固定"（如图8-27所示），单击"创建"按钮。

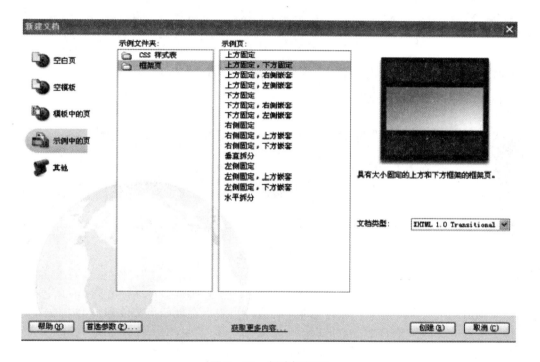

图 8-27　新建框架页

2. 在"框架标签辅助功能属性"对话框中使用默认的框架标题（如图8-28所示），确定。

3. 选择菜单"窗口"→"框架"，打开框架面板，可以看到框架集由三个框架组成，分别是 topFrame、mainFrame、bottomFrame，如图8-29所示。在框架上单击鼠标，可以选择某个框架，从而可以在属性面板中设置该框架的源文件等属性。在框架面板中的框架集的边框上单击鼠标即可选中框架集。

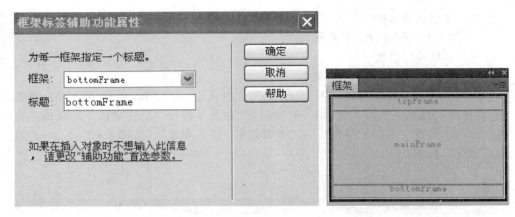

图 8 – 28   "框架标签辅助功能属性"对话框   图 8 – 29   框架面板

4. 在框架面板中选中框架集，在属性面板中默认选中第一行即 topFrame，设置行值为"像素"，其他行使用默认值，如图 8 – 30 所示。

图 8 – 30   框架集属性

（二）保存框架集文件和框架源文件

单击菜单"文件"→"保存全部"命令，可以保存框架集文件和框架中的源文件。本例中，框架集命名为"index. html"，三个框架页面分别保存为"top. html""main. html""bottom. html"，共保存 4 个网页文件（如图 8 – 31 所示）。

图 8 – 31   框架集及框架的保存

（三）设置框架属性

1. 在框架面板中单击"topFrame"选中该框架，在属性面板中设置其源文件为

"banner_ nav. html"。用同样方法设置 mainFrame 的源文件为 "html/meilizhongguo/china. html"（如图 8 - 32 所示）。

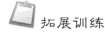

图 8 - 32 框架属性设置

2. 在框架面板中选中 bottomFrame，在页面中插入 1 行 1 列的表格，表格宽度为 1000 像素，设置表格和单元格对齐方式为水平居中，选择拆分视图，将 < table > 标记内的代码改为： < table background = "images/bottom. png" width = "1000" border = "0" align = "center" cellpadding = "0" cellspacing = "0" >。可以看到，表格添加了背景图片 "bottom. png"，在表格中输入 "CAll Rights Reserved 王新版权所有"。

（四）设置超级链接

分别选择 topFrame 中的 "美丽中国" "可爱比熊" "美容养生" "百度搜索"，设置超级链接，链接文件分别为 "html/meilizhongguo/china. html" "html/bixiong/bixiong. html" "html/meirongyangshen/meirong. html" "http：//www. baidu. com"，链接目标属性皆为 "mainFrame"。

四、实验分析及知识拓展

1. 本例中，index. html 是框架集文件，只负责把浏览器窗口切分为三个框架，它本身不包括显示在网页中的内容。框架集可以嵌套使用。

2. 框架和表格是传统的布局技术，还可以使用内联框架（iframe）、AP Div 进行布局，而 CSS + Div 是当前流行的布局技术。

3. 网页基本元素包括文本、图像、音频、视频、动画等，网页构件主要有标志、横幅、主体、导航、版权等。布局的具体形式多种多样，其基本要求是做到网页各元素的大小和位置合理、主题突出。

拓展训练

一、实验目的及实验任务

利用表单制作调查问卷。

二、实验所需素材

"实验素材 \ 第 8 章 \ 拓展训练"。

本实验效果如图 8－33 所示。

法律意识问卷调查

1.你的学历是 本科

2.你认为法律与你的学习和生活： ○ 关系密切 ○ 关系不大 ○ 没关系

3.你认为法律的执行哪些监督是最有效的?
□ 报刊、电视、广播等新闻舆论监督
□ 党委、政府、人大、政协领导机关的监督
□ 群众监督
□ 执法机关自我监督
其他

提交 重置

图 8－33 网页效果

三、实验操作提示

1. 在"实验素材＼第 8 章＼拓展训练"内新建一个空白网页，保存为"question-naire. html"，文档标题为"调查问卷"。

2. 在页面中插入 3 行 1 列的表格，表格宽度为 800 像素，设置表格的，第 1 个和第 3 个单元格的水平居中，第 3 个单元格的对齐方式为左对齐。第 1 行表格中输入标题（如图 8－33 所示）。

3. 在第 2 个单元格中使用插入表单的形式制作问卷调查表。其中，"学历"后面的下拉框中可设置"专科、本科、研究生"三项内容。插入下拉列表后，可直接双击该下拉框，在属性面板中选择"类型"为列表，选择列表值按钮，打开列表值对话框，在其中添加学历的三个选项，然后在属性面板中选择默认选项"本科"（如图 8－34 所示）。

图 8－34 添加列表

4. 在第 3 个单元格中插入按钮。

综合练习

一、单项选择题

1. 在 Dreamweaver CS5 中，不显示代码的视图是_____视图。

A. 设计 　　　 B. 拆分 　　　 C. 代码 　　　 D. 以上所有

2. 在 Dreamweaver 中，可通过执行_____菜单中的属性命令打开或关闭属性面板。

A. "插入" 　　 B. "窗口" 　　 C. "修改" 　　 D. "命令"

3. 不能在 Dreamweaver 的文件面板中完成，而必须在站点窗口中完成的操作是_____。

A. 创建新文件 　　　　　　　 B. 移动、删除文件
C. 管理站点 　　　　　　　　 D. 创建新文件夹

4. 以下工作中，由 Dreamweaver 完成的是_____。

A. 内容信息的搜集整理 　　　 B. 把所有有用的东西组合成网页
C. 美工图像的制作 　　　　　 D. 网页的美工设计

5. 网页标题可以在_____对话框中修改。

A. "首选参数" 　　　　　　　 B. "标签编辑器"
C. "编辑站点" 　　　　　　　 D. "页面属性"

6. 浏览 Web 网页，应使用_____软件。

A. 系统 　　 B. Office 2010 　　 C. Outlook 　　 D. 浏览器

7. 通常一个站点主页的默认文件名是_____。

A. webpage. html 　 B. main. html 　 C. index. html 　 D. homepage. html

8. 属于静态网页文件的是_____。

A. ＊. asp 　　 B. ＊. html 　　 C. ＊. bmp 　　 D. ＊. jsp

9. 以下 HTML 标记中，没有对应的结束标记的是_____。

A. ＜body＞ 　　 B. ＜br＞ 　　 C. ＜html＞ 　　 D. ＜title＞

10. 在 Dreamweaver CS5 的文本编辑中，文本换行的快捷键是_____。

A. Ctrl + Enter 　 B. Enter 　 C. Shift + Enter 　 D. Alt + Enter

11. 在 Dreamweaver 中，对图片裁剪后，_____。

A. 图像亮度发生变化 　　　　 B. 图像对比度发生变化
C. 磁盘上的图片文件被裁剪 　 D. 不再显示被裁剪区域

12. ＜img src = " name" align = " right" / ＞ 的意思是_____。

A. 图像向左对齐 　　　　　　 B. 图像向右对齐
C. 图像与底部对齐 　　　　　 D. 图像与顶部对齐

13. 在 Dreamweaver 中，有多种不同的垂直对齐图像的方式。要使图像的底部与文本的基线对齐，应使用_____对齐方式。

A. 基线   B. 绝对底部   C. 底部   D. 默认

14. 在 Dreamweaver 中，图像属性 vspace 和 hspace 用来设置_____。

A. 图像的边距 B. 图像的大小 C. 图像的颜色 D. 以上都不是

15. _____不能在图像的属性面板中设置。

A. 热点   B. 超链接   C. 边框   D. 颜色

16. 下列_____是换行符标签。

A. < hr >   B. < font >   C. < br >   D. < p >

17. 在 HTML 中，段落标签是_____。

A. < p > < /p >   B. < head > < /head >

C. < body > < /body >   D. < html > < /html >

18. 以下标记中，_____可用来产生滚动文字。

A. < marquee > B. < scroll > C. < textarea > D. < iframe >

19. 在 Dreamweaver 中，"水平线属性"对话框中没有的属性是_____。

A. 颜色   B. 宽度   C. 高度   D. 对齐方式

20. 在 Dreamweaver 中，下列关于列表的说法中，错误的是_____。

A. 不可以创建嵌套列表

B. 列表分为有序列表和无序列表两种

C. 所谓有序列表，是指有明显的轻重或者先后顺序的项目

D. 列表是指把具有相似特征或者具有先后顺序的几行文字进行对齐排列

21. 将链接的目标文件载入该链接所在的同一框架或窗口中，链接的"目标"属性应设置成_____。

A. _blank   B. _parent   C. _self   D. _top

22. 在 Dreamweaver 中，可以为_____添加热点。

A. 文字   B. 图像   C. 电影   D. Flash

23. 在一个图片上_____链接。

A. 能设置多个 B. 不能设置   C. 只能设置一个 D. 不能设置空

24. 在 Dreamweaver CS5 中，创建图像热点的工具不包括_____。

A. 矩形工具   B. 椭圆工具   C. 多边形工具 D. 三角形工具

25. 使用_____符号可以创建空链接。

A. @   B. ≠   C. &   D. #

26. 下列_____是图像占位符的属性。

A. 位置（Location）   B. z 轴（z – index）

C. 名称（Name）   D. 可见性（Visibility）

27. 按下_____键，拖动图像右下方的控制点，可以按比例调整图像大小。

A. Ctrl   B. Shift   C. Alt   D. Shift + Alt

28. 在 HTML 中，超链接标签是_____。

A. ＜a＞…＜/a＞　　　　　　　　　　B. ＜img＞…t－＜/img＞

C. ＜font＞…＜/font＞　　　　　　　　D. ＜p＞…＜/p＞

29. 下列方法中，不可以建立网页链接的是＿＿＿＿＿＿。

A. 在"链接"文本框中输入网址或文件名

B. 使用指向文件功能选择一个要链接的文件

C. 选择要链接的对象，按下 ctrl 键，拉出一个文件指向

D. 单击"链接"文本框后的"浏览"按钮，选择一个要链接的文件

30. 为链接定义目标窗口时，＿blank 表示在＿＿＿＿＿＿窗口中打开文件。

A. 上一级　　　　　　　　　　　　　B. 新

C. 同一框架或同一　　　　　　　　　D. 浏览器的整个

31. 常用的网页传统布局技术有框架和＿＿＿＿＿＿。

A. 表格　　　　　B. APDiv　　　　C. CSS + Div　　　D. Frame

32. 要使表格的边框不显示，应设置边框（border）值为＿＿＿＿＿＿。

A. " "　　　　　　B. 1　　　　　　C. 0　　　　　　D. NO

33. 要同时选择表格的多个单元格，应按＿＿＿＿＿＿键。

A. Alt　　　　　　B. Ctrl　　　　C. Shift　　　　D. Ctrl + Alt

34. 在 HTML 语言中使用表格时，数据项放在＿＿＿＿＿＿标签中。

A. ＜dl＞＜/dl＞　　B. ＜th＞＜/th＞　　C. ＜td＞＜/td＞　　D. ＜tr＞＜/tr＞

35. 下列说法中，错误的是＿＿＿＿＿＿。

A. 表格单元格可以合并　　　　　　　B. 在表格中可以插入行

C. 可以拆分单元格　　　　　　　　　D. 在单元格中不可以设置背景图片

36. 在属性面板中为文字添加电子邮件链接的正确格式是＿＿＿＿＿＿。

A. mailto：电子邮件地址　　　　　　B. email：电子邮件地址

C. tomail：电子邮件地址　　　　　　D. 电子邮件地址

37. 当链接指向下列＿＿＿＿＿＿文件时，不打开该文件，而是提供给浏览器下载。

A. ZIP　　　　　　B. HTML　　　　C. ASP　　　　　D. JSP

38. ＿＿＿＿＿＿事件是鼠标单击了图像链接或图像映射这样的特定元素后产生的事件。

A. onClick　　　　B. ondblClick　　C. onMouseOver　　D. onLink

39. 本地站点进行超链接检查无法实现＿＿＿＿＿＿检查。

A. 孤立文件　　　　　　　　　　　　B. 网站中的断链

C. 外部链接　　　　　　　　　　　　D. 空标题的网页

40. 可以在＿＿＿＿＿＿中设置网页中链接文本不同状态的颜色。

A. 插入面板　　　　　　　　　　　　B. 属性面板

C. "编辑"菜单　　　　　　　　　　　D. "页面属性"对话框

41. ＿＿＿＿＿＿几乎可以控制所有文字的属性，它也可以套用到多个网页上。

A. HTML 样式　　　　B. CSS 样式　　　　C. 页面属性　　　　D. 文本属性面板

42. 下列关于行为、事件和动作的说法中，正确的是_____。

A. 事件发生在动作以后　　　　　　B. 动作发生在事件以后

C. 事件和动作同时发生　　　　　　D. 以上说法都错误

43. 如果要在另一个新窗口显示打开的页面，应该在行为面板中选择_____。

A. 弹出信息　　　　　　　　　　　B. 跳转菜单

C. 打开浏览器窗口　　　　　　　　D. 转到 URL

44. 在 Dreamweaver 中，在设计中要区分男女性别，通常采用_____表单元素。

A. 复选框　　　　B. 单选按钮　　　　C. 单行文本域　　　　D. "提交" 按钮

45. 在文档中插入_____表单对象，可以将一些必要的信息传输给服务器，且本身不会显示出来。

A. 单选按钮　　　　B. 密码域　　　　C. 隐藏域　　　　D. 列表/菜单

46. 在浏览器窗口中同时显示几个网页，可使用_____。

A. 表格　　　　B. 框架　　　　C. 表单　　　　D. 单元格

47. 框架（frame）滚动（scrolling）属性的作用是设置_____。

A. 颜色　　　　B. 滚动条　　　　C. 边框宽度　　　　D. 默认边框宽度

48. 内联框架的 HTML 标签的是_____。

A. < frameset >　　　　B. < frame >　　　　C. < frames >　　　　D. < iframe >

49. 在 Dreamweaver CS5 中，通常通过_____来实现对文档内容的精确定位。

A. 表格　　　　B. AP div 元素　　　　C. 框架　　　　D. 图片

50. 要使一个网站的风格统一并便于更新，在使用 CSS 文件时，最好是使用_____。

A. 局部应用样式表　　　　　　　　B. 内嵌式样式表

C. 外部链接样式表　　　　　　　　D. 以上三种都一样

51. 在使用表单时，文本域的类型有_____种。

A. 1　　　　B. 2　　　　C. 3　　　　D. 4

52. 段落属性不包括_____。

A. 对齐　　　　B. 缩进　　　　C. 行距　　　　D. 边距

53. 下列图像格式中，支持图像背景透明的有_____。

A. GIF　　　　B. JPEG　　　　C. BMP　　　　D. JPG

54. 在页面中可以嵌套使用的元素有_____。

A. 视频　　　　B. 框架　　　　C. 音频　　　　D. 图片

55. 在 Dreamweaver 中，打开浏览器窗口行为可以设置_____。

A. 是否显示浏览器的导航栏　　　　B. 是否显示浏览器的状态栏

C. 浏览器窗口的尺寸　　　　　　　D. 弹出不同版本的浏览器

56. 框架面板可以能用来_____。

A. 拆分框架页面结构   B. 给框架页面命名

C. 给框架页面制作链接   D. 选择框架中的不同框架

57. 在 Dreamweaver 的属性面板中可以设置 Flash 动画的_____属性。

A. 动画是否循环播放   B. 动画循环播放的次数

C. 动画播放时的品质   D. 是否自动播放动画

58. 以下不属于图像替换文本的作用的是_____。

A. 使该图像优先下载

B. 使图片显示质量提高

C. 使图像下载速度变快

D. 当鼠标移到这些图片上时，浏览器可以在鼠标旁弹出一个黄底的说明框。且当浏览器禁止显示图片时，可以在图片的位置显示出这些文本。

59. 下列不能编辑 HTML 网页的软件有_____。

A. FrontPage   B. 记事本   C. 画图   D. Dreamweaver

60. 在 Dreamweaver 中，不能对其设置超链接的是_____。

A. 文字   B. Flash 影片   C. 图像的一部分   D. 图像

二、判断题

1. 网页的标题将出现在文档标题栏中。（　　）

2. 网页的文件名将出现在文档标题栏中。（　　）

3. HTML 标记符及其属性一般不区分大小写。（　　）

4. 用 H1 标记符修饰的文字通常比用 H6 标记符修饰的要小。（　　）

5. 设置滚动字幕时，不允许其中嵌入图像。（　　）

6. GIF 图像最多显示 256 种颜色。（　　）

7. 图像属性的替换文件本每过段时间都会定时在图像上显示。（　　）

8. 通过 CSS 可以精确地控制页面中每个元素的字体样式、背景、排列方式、区域尺寸和边框等。（　　）

9. 使用相对地址时，图像的连接起点是此 HTML 文档所在的文件夹。（　　）

10. 框架是一种能在同一个浏览器窗口中显示多个网页的技术。（　　）

三、填空题

1. _____是一组相关网页和有关文件的组合，它一般有一个特殊的网页作为浏览的起始点，称为_____，站点中所有网页利用_____为纽带建立相互间的联系。

2. 要建立一个空链接，只需要在链接框中输_____即可。

3. 对于段落中的图像，可以利用_____属性定义图与文本行的对齐方式。

4. 在 Dreamweave 中，利用_____和_____可以将网站设计的风格一致。

5. 行为的三要素是_____、_____和_____。

第9章　多媒体技术

实验一　制作一寸证件照

一、实验目的

通过本实验，初步了解 Photoshop 在数字图像处理中的功能，学会 Photoshop 在数码照片处理中的简单应用。掌握图像的打开、新建、处理、保存等的基本操作方法，掌握图像的裁剪、修复、色彩调整等图像修改修饰方法，掌握选区描边及定义图案、填充、画布大小调整的方法，掌握几种常用工具如裁剪工具、矩形选框工具、魔术棒工具、修复画笔工具、仿制图章工具命令的使用方法，掌握几种常用对话框的使用方法。

二、实验素材

"实验素材 \ 第9章 \ 实验一"。

三、实验操作过程

（一）裁剪图像

1. 启动 Photoshop 有两种方法：一是单击"开始"→"所有程序"→"Adobe Photoshop"；二是直接双击桌面上的 Photoshop 快捷方式图标。

2. 单击"文件"→"打开"命令，在"打开"对话框中，选中本实验素材文件夹中的文件"H0019.jpg"，打开一张生活照。

3. 常见的一寸照片的尺寸为宽度2.5厘米，高度3.5厘米，分辨率设为300像素/英寸。我们在工具箱中单击"裁剪工具"按钮，在工具属性栏设置裁剪的大小，宽度为2.5厘米，高度为3.5厘米，分辨率为300像素/英寸，如图9-1所示。然后按下鼠标左键拖动鼠标，在图像窗口选中头部及第二个纽扣以上的裁剪区域，如图9-2所示。在选中区域双击或者按回车完成裁剪。

（二）去掉头上的饰品

在工具箱中选择"仿制图章工具"，在工具属性栏设置画笔的大小和硬度，如图9-3所示。如果硬度是100%，那么圆的边界就十分清晰，如列表中第一行的第2、4、6列；如果硬度是0%，那么圆的边界将比较模糊，如列表中第一行的第1、3、5列。按住 Alt 键在头饰周围的黑色背景上单击一下，定义取样点，松开 Alt 键。在头饰上单击鼠标并小范围拖动，慢慢去掉头饰。必要时，可以多次按住 Alt 键在头饰周围的黑色背景上取样，在修复的时候，图像窗口圆圈的大小即是画笔的大小，黑色背景上的"＋"就是仿制源，也就是画面上圆圈中的内容将和"＋"点的内容一模一样，处理后的结果如图9-4所示。

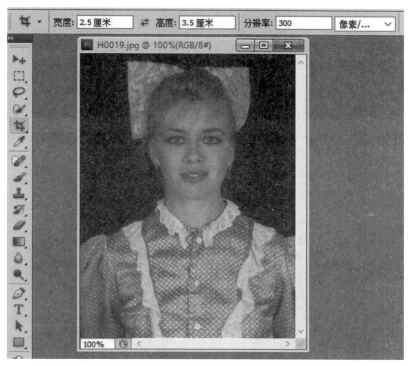

图 9 - 1 裁切参数

图 9 - 2 裁切区域

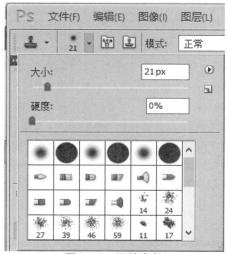

图 9 - 3 画笔参数

（三）使用色彩平衡让衣服颜色变得更加鲜艳

在工具箱中选择多边形套索工具，沿着衣服边缘拖动鼠标，在转弯处单击鼠标即可添加固定点，最后起点和终点重合，衣服周围出现流动的虚线，选区建立，如图9-5所示。单击菜单"图像"→"调整"→"色彩平衡"命令，在弹出的对话框中，将第一个滑块向右拖动，第二个滑块向左拖动，如图9-6所示，即可调整衣服的颜色，使其更加鲜艳。调整后的图像如图9-7所示。最后，按键盘上的 Ctrl + D 取消选区，也可以使用菜单"选择"→"取消选择"命令取消选区。

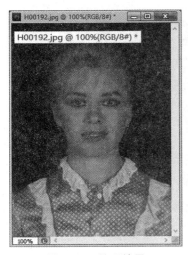

图9-4　处理结果

图9-5　建立选区

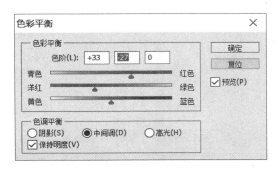

图9-6　色彩平衡对话框

图9-7　处理结果

（四）给照片加白边

单击菜单"图像"→"画布大小"命令，打开"画布大小"的对话框，在"新建大小"列表中把宽度设置为 2.9 厘米，高度设置为 3.9 厘米，画布扩展颜色改为白色，如图 9 - 8 所示，单击"确定"按钮完成，完成后的图像如图 9 - 9 所示。

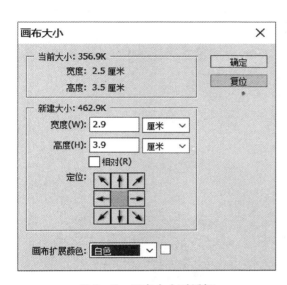

图 9 - 8 　画布大小对话框　　　　　　　图 9 - 9 　处理结果

（五）添加剪切线

使用 Ctrl + A 或者单击菜单"选择"→"选择全部"，全选整个图像。在白边的外围出现流动的虚线框。点击菜单"编辑"→"描边"命令，出现描边的对话框，把描边的宽度设置为 1px，位置选择为"内部"，在描边颜色右边的颜色条上单击，出现选取描边颜色的对话框，在中间的色谱条上单击蓝色，然后在左边颜色表上单击比较鲜艳的蓝色，或者直接在右下角 RGB 后面的文本框里输入（R = 0，G = 0，B = 255），新的颜色即为蓝色，如图 9 - 10 所示。点击"确定"按钮，描边颜色修改成功。再次单击"确定"按钮，描边完成。使用 Ctrl + D 取消选区，白色边缘的外部即出现一条蓝色的细线。

（六）在五寸相纸上排版

1. 定义图案。单击菜单"编辑"→"定义图案"命令，出现"图案名称"的对话框，在名称后面的文本框中输入一寸照片，然后单击"确定"按钮。将带有裁剪线的白边照片定义为图案备用。

2. 新建文件。单击菜单"文件"→"新建"命令，打开"新建"对话框，设置参数如图 9－11 所示。宽度为 11.62 厘米，高度为 7.81 厘米，分辨率为 300 像素/英寸，背景内容为白色。单击"确定"，新建一个空白图像文件。

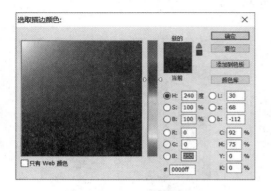

图 9－10　描边颜色对话框

图 9－11　新建文件对话框

3. 图案填充。点击菜单"编辑"→"填充"命令（如图 9－12 所示），在"填充"对话框里"内容"选"使用图案"，在自定图案右边的向下的小三角上单击，就会出现我们在第①步中定义的一寸照片图案，用鼠标点一下照片图案，将其选中，该图案出现在"自定图案"的小框子里。最后单击一下"确定"按钮，填充完成，结果如图 9－13 所示。

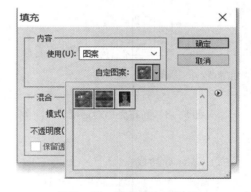

图 9－12　图案填充对话框

4. 扩展为 5 寸的照片大小。点击菜单"图像"→"画布大小"在打开的画布大小对话框中调整画布大小宽度为 12.7 厘米，高度为 8.9 厘米，画布扩展颜色为白色。

（七）保存图片

点击菜单"文件"→"存储为"命令，打开"存储为"对话框，设置保存的路径，选择格式为"JPEG"，文件名为"八张一寸照片.jpg"，如图 9－14 所示。单击"保存"按钮，弹出"JPEG"选项对话框，在"图像选项"中，品质后面的文本框里输入"12""最佳"，点击"确定"，保存文件。

四、练习

把 H0030.jpg 裁剪为一张规格为 390＊567 像素（宽＊高），格式为 JPG 格式，分辨率为 72 像素/英寸的电子照片。

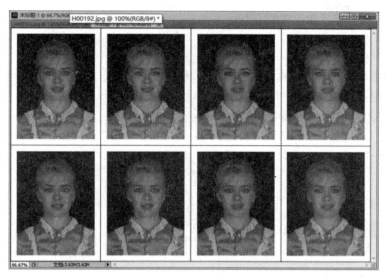

图 9 - 13　处理结果

图 9 - 14　存储为对话框

五、实验分析及知识拓展

1. 为了保证冲印质量，当你加工完毕，存成 JPEG 格式的文件时，一定记住要存成"最佳"（至少不能小于 8）。

2. 若要冲印或者打印出清晰的照片，其分辨率应不低于 300 像素/英寸。

3. 常用照片的尺寸：

1 寸照片 = 1 英寸 × 1.5 英寸 = 2.5cm × 3.5cm

2 寸照片 = 1.5 英寸 × 2 英寸 = 3.5cm × 4.9cm

5 寸照片 = 5 英寸 × 3.5 英寸 = 12.7cm × 8.9cm

6 寸照片 = 6 英寸 × 4 英寸 = 15.24cm × 10.16cm

实验二　Premiere 基础应用

一、实验目的及实验任务

（一）实验目的

通过本实验，初步了解 Premiere 在音视频编辑中的作用。掌握 Premiere 中编辑视频最基础的方法，学会制作常用字幕，添加背景音乐以及输出影片的方法。

（二）实验任务

编辑一段视频。添加背景音乐和字幕，最后输出影片。

二、实验素材

"素材文件 \ 第 9 章 \ 实验二"。

三、实验操作过程

（一）编辑视频

1. Premiere 概述。Premiere 是 Adobe 公司出品的一款用于进行影视后期编辑的软件，是数字视频领域普及程度最高的编辑软件之一，它的基本操作界面如图 9 - 15 所示。

Premiere 的默认操作界面主要分为素材框、监视器调板、效果调板、时间线调板和工具箱五个主要部分，在效果调板的位置，通过选择不同的选项卡，可以显示信息调板和历史调板。

2. 新建项目。双击打开 Premiere 程序，使其开始运行，弹出开始画面，在开始界面中，如果最近有使用并创建了 Premiere 的项目工程，会在"最近使用的项目"下显示出来，只要单击即可进入。要打开之前已经存在的项目工程，单击"打开项目"，然后选择相应的工程即可打开。要新建一个项目，则点击"新建项目"，进入下面配置项目的画面（如图 9 - 16 所示）。

图 9－15 Premiere 基本操作界面

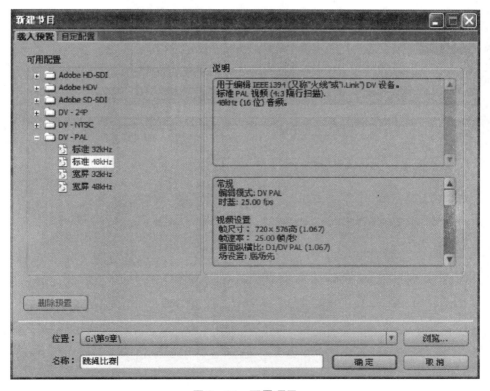

图 9－16 配置项目

一般来说，我们大多选择"DV - PAL 标准 48kHz"的预置模式来创建项目工程。选择好项目的保存地点之后，在名称栏里输入工程的名称，就完成了项目的创建。在本实验我们新建一个"跳绳比赛"的项目。单击"确定"之后，程序会自动进入下面的编辑界面（如图 9 - 17 所示）。

图 9 - 17　编辑界面

　　3. 导入素材。在编辑界面下，选择"文件"→"导入"，会弹出如图 9 - 18 所示的对话框，选择需要导入的文件（可以是支持的视频文件、图片、音频文件等，可以点开文件类型一栏查看支持的文件类型）。

　　在本实验选择"春季运动会跳绳_ 兼容格式 AVI_ 320 * 240. AVI"文件，单击"打开"，等待一段时间之后，在素材框里就会出现一个"春季运动会"的文件（如图 9 - 19 所示）。

　　4. 工具栏介绍。如图 9 - 20 所示，工具栏里面主要有 11 种工具，作为一般的剪辑而言，主要运用的是选择工具和剃刀工具。

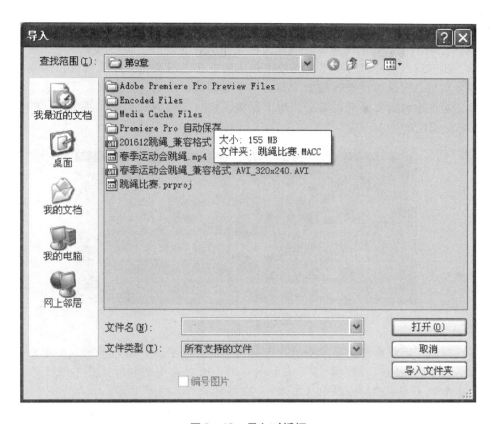

图9-18 导入对话框

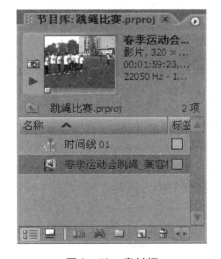

图9-19 素材框

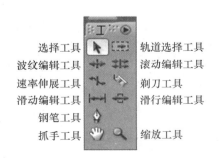

图9-20 工具栏

5. 视频的简单编辑。用鼠标将素材框中需要编辑的素材拖动到时间线上，点击"素材"，我们在右侧监视器可以预览到视频导出后的效果，如果视频不符合窗口的大小，我们可以通过之后在图片特效中介绍的方法进行调整。如果素材在时间线上显得特别短，可以通过选择缩放工具，对准时间线，点击，将素材放大。选择剃刀工具，对准素材需要分开的部分，按下鼠标，素材会被剪开，成为两个独立的片段（如图9-21所示）。

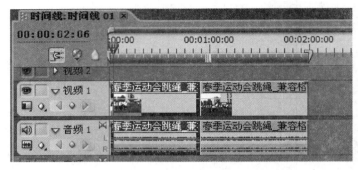

图9-21　时间线

这样就可以将素材中不需要的片段与需要的片段分开，然后单击选中不需要的片段，按下"delete"键，删除不需要的片段；或对选中的片段点击右键，选择清除，也能将不需要的片段删除（如图9-22所示）。

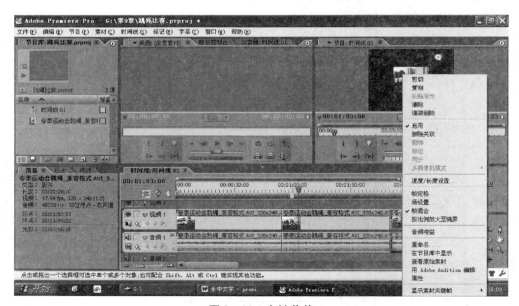

图9-22　右键菜单

删除不需要的片段之后，可以通过鼠标拖动，将剩下的片段按照我们的需要重新组合，这样就完成了对于素材的初步编辑。

（二）添加背景音乐

1. 选取完有用的片段之后，开始准备对于音频的编辑为此影片添加背景音乐。执行"文件"→"输入"，打开素材文件中的"春风十里不如你_纯音频文件_纯音频输出.WMA"，背景音乐文件被导入"项目"窗口。

2. 将项目中的"春风十里不如你_纯音频文件_纯音频输出.WMA"拖拽到时间线"音频2"轨道上，如图9-23所示。

图9-23　音频轨道上的背景音乐

在空白处单击之后，就可以单独选中这段音频进行编辑。按照剪辑视频的方式，将音频中不需要的部分删除。

对于已经分离的音频片段，可以选中，单击右键，选择"音频增益"，在弹出的窗口（如图9-24所示）中，就可以对音频片段的音量进行调整。

（三）字幕的添加

1. 静态字幕的建立。

（1）将时间线上的播放指针移动到段落开始的位置，选择"字幕"→"新建字幕"→"默认静态字幕"，如图9-25所示。

图9-24　音频增益对话框

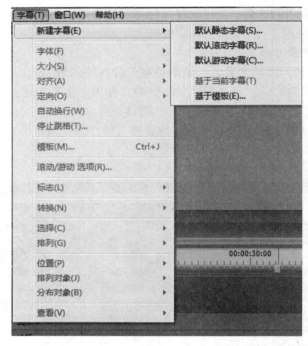

图 9 – 25　新建字幕菜单

选择后会出现如图 9 – 26 所示的对话框，此时我们可以更改字幕的名称。

点击"确定"之后，会出现如图 9 – 27 所示的画面。

（2）输入字幕。在字幕设计窗口的左侧选择"水平文本"按钮，在需要添加字幕的地方，单击，输入需要键入的文字。需要注意的是：Premiere 默认的字

图 9 – 26　新建字幕对话框

体有很多汉字没办法显示，我们需要在输入汉字之前更改字体。在字幕右侧属性里，点开"字体"，选择我们需要使用的字体，然后再输入。如果实在找不到中文字体，可以输入英文字幕。

（3）调整字体的大小和位置。在字幕设计窗口的左侧单击"选择工具"按钮，输入的字幕"Springs Sports"周围出现 8 个调整柄，拖拽即可调整字幕的大小和位置。

（4）更改字体颜色。在字幕设计窗口的右侧的字幕属性栏中，勾选"填充"并展开，单击"色彩"右侧的颜色块，出现色彩对话框，选中红色，单击"确定"，字幕颜色改为红色，如图 9 – 28 所示。我们还可以对文字的大小、颜色、位置和效果进行设置。

图 9-27 字幕设计窗口

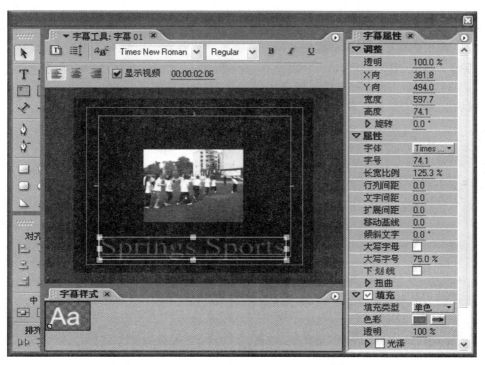

图 9-28 S 更改字体颜色

（5）将字幕添加到视频频道。关闭字幕窗口，把项目窗口出现的"字幕 01"拖拽到时间线的"视频 2"轨道左侧，在"节目"监视器即可看到字幕叠加在视频图像上的效果。单击左侧的"选择"按钮，拖动字幕片段的两端，即可缩短或延长播放时间。

2. 水平滚动字幕的制作。在学生跳绳的镜头中叠加信息"15 班，加油！15 班，最棒！"，信息从右入画，贯穿屏幕底部向左移动，从左边出画，实现爬行字幕的效果。

（1）首先将"时间线"窗口中的播放指针放在要添加爬行字幕的位置。单击"文件"→"新建"→"字幕"命令，在"新建字幕"对话框中输入"爬行字幕"，单击"确定"打开字幕设计窗口，选择"水平文本"按钮，设置合适的字体和字号，输入"15 班，加油！15 班，最棒！"。

（2）设置"爬行"效果。单击字幕设计窗口上方的"滚动设置"按钮，打开"滚动设置"对话框，各项参数如图 9 - 29 所示。

（3）关闭字幕窗口，把项目窗口出现的"爬行字幕"拖拽到时间线的"视频 2"轨道左侧，在"节目"监视器即可看到字幕叠加在视频图像上的效果。单击左侧的"选择"按钮，拖动字幕片段的两端，即可缩短或延长播放时间。

3. 垂直滚动字幕的制作。

（1）首先将"时间线"窗口中的播放指针放在影片结尾要添加职员表的位置。单击"文件"→"新建"→"字幕"命令，在"新建字幕"对话框中输入"职员表"，单击"确定"打开字幕设计窗口，选择"水平文本"按钮，设置合适的字体和字号，输入创作人员名单。

（2）设置"滚动"效果。单击字幕设计窗口上方的"滚动设置"按钮，打开"滚动设置"对话框，各项参数如图 9 - 30 所示。

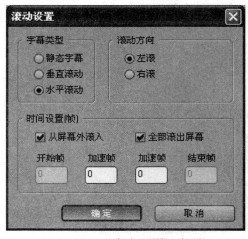

图 9 - 29   "滚动设置"对话框

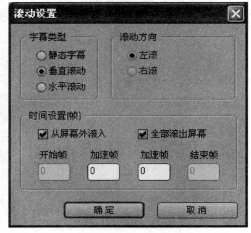

图 9 - 30   垂直滚动设置参数

（3）关闭字幕窗口，把项目窗口出现的"职员表"拖拽到时间线的"视频2"轨道右侧，在"节目"监视器即可看到字幕叠加在视频图像上的效果。单击左侧的"选择"按钮，拖动字幕片段的两端，即可缩短或延长播放时间。

（4）制作片尾。方法与制作片头的静态字幕相同。

（四）影片的输出

选择"文件"→"导出"（如图9-31所示）。

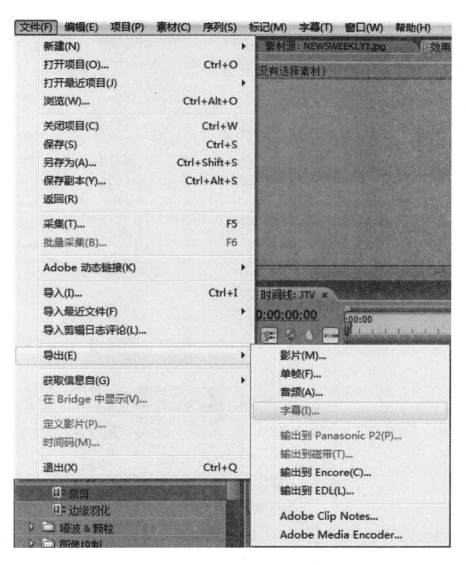

图9-31　导出菜单

单击"影片",会弹出如图 9 - 32 所示的对话框。

图 9 - 32　输出影片对话框

修改名称后,点击保存,弹出如图 9 - 33 所示的界面后,开始自动导出视频,完成后,就可以关闭软件了。

这个步骤导出的视频是 AVI 的文件格式,非常大,我们可以通过转换软件转换格式,也可以执行"文件"→"输出"→"Adobe Media Encode"命令,打开"Export Settings"对话框,设置相关参数,单击"OK"按钮,

图 9 - 33　生成进度条

出现"保存文件"对话框，保存类型选择"Windows Media（＊.wmv）"，输入文件名，单击"保存"即可。

 **实验三** 音频文件处理

一、实验目标

熟悉 Goldwave 的工作界面和基本功能，掌握使用 Goldwave 进行音频文件管理的方法；掌握利用 Goldwave 进行音频文件的录制、剪辑的操作方法；掌握使用 Goldwave 进行声音文件的压缩、格式的转换及声音特效的处理方法。

二、实验内容

（一）启动 Goldwave

1. 点击桌面上的 Goldwave 图标，或者在安装文件夹中双击 Goldwave 图标，就可以运行 Goldwave。

2. 第一次启动时会出现如图 9 − 34 所示的提示，单击"是"按钮，则自动生成一个当前用户的预置文件。

图 9 − 34　提示对话框

3. 启动后出现一个如图 9 − 35 所示的灰色空白窗口，旁边是一个暗红色的控制器窗口，它是用来控制播放的。

（二）录制音频文件

1. 选择菜单"文件"→"新建"，在弹出的对话框中设置好参数。

2. 选择菜单"选项"→"控制器属性"，打开"控制属性"对话框，选择第三个标签"音量"，在面板中间的输入设备中，选择下边的"麦克风"打勾选中，如图 9 − 36 所示，单击"确定"返回；

3. 将麦克风插到电脑上，在 Goldwave 右侧控制面板上，点击红色圆点的"录音"按钮，开始录音，红色的方块按钮是停止，两条竖线是暂停录音。

4. 录音结束后，把音频文件保存为 sound. wav。

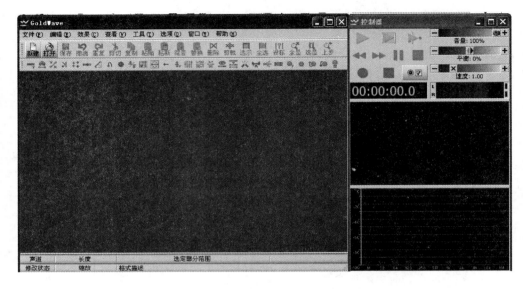

图 9-35 Goldwave 应用程序窗口界面

图 9-36 音量参数设置

（三）音频文件的剪辑

1. 点击工具栏上的"打开"按钮，在对话框中选择 sound. wav；窗口中间出现彩色的声波，中间两个表示立体声两个声道，下面有文件的时间长度，右边的播放控制器也可以使用，如图 9 – 37 所示。单击控制面板上绿色的播放按钮，窗口出现一条移动的指针，表示当前播放的位置，右边的控制器里显示了精确的时间。

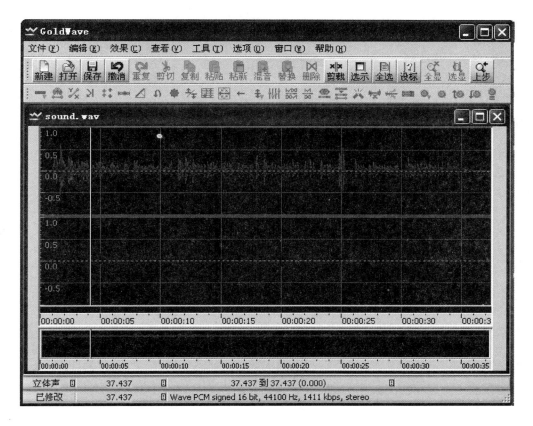

图 9 – 37　Goldwave 打开音频文件界面

2. 截取音频。按下鼠标左键拖动，选择我们要截取的音频，选中的部分高亮显示。单击菜单"文件"→"选定的部分另存为"命令，以"jiequ. wav"为文件名，格式不变，保存文件到自己的文件夹。

3. 音频的删除。按下鼠标左键拖动，选择我们要删除的音频。单击菜单"编辑"→"剪切"命令或者"编辑"→"删除"命令，将选中的音频删除。另外，也可以使用键盘上的 Delete 键直接删除。

4. 音频的复制。按下鼠标左键拖动，选择要复制的音频。点击工具栏上的"复制"按钮或者直接按 Ctrl + C 组合键复制；在编辑窗口单击鼠标选择插入点，按工具栏上的"粘贴"按钮或按 Ctrl + V 组合键粘贴。

（四）格式转换

1. 点击工具栏上的"打开"按钮，打开 sound. wav 音频文件。

2. 单击菜单"文件"→"另存为"命令，打开"保存声音为"对话框，在"保存类型"中选择 mp3 格式，如图 9 – 38 所示。

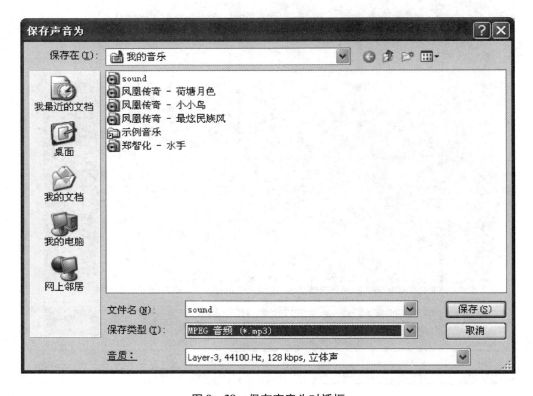

图 9 – 38　保存声音为对话框

3. 点"保存"按钮，就可以生成一个 mp3 格式的 sound 文件，在确认对话框中，点"是"即可。

提示：格式转化后文件的大小发生变化。

（五）声音特效处理——设置 sound. mp3 的"回声"效果

1. 打开音频文件 sound. mp3，单击菜单"效果"→"回声"命令，打开"回声"对话框，设置一种回声效果，如图 9 – 39 所示。

2. 按控制器上的播放按钮试听回声效果。

3. 使用"效果"菜单设置其他音效。

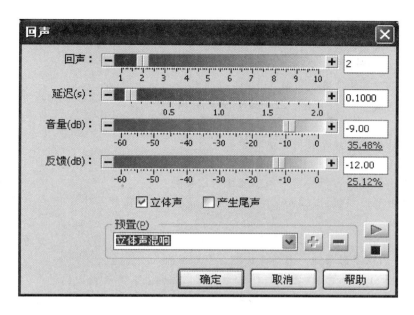

图 9 - 39 回声对话框

 综合练习

一、单项选择题

1. 以下是多媒体动态图像文件格式的是_____。

A. JPG   B. WAV   C. BMP   D. AVI

2. 超文本的结构是_____。

A. 顺序的树形   B. 线形的层次   C. 非线性的网状   D. 随机的链式

3. _____文件并不是真正包含声音信息, 只包含声音索引信息。

A. CDA   B. WAV   C. MP3   D. DAT

4. 位图与矢量图比较, 可以看出_____。

A. 位图比矢量图占用空间更少

B. 位图与矢量图占用空间相同

C. 位图放大后, 细节仍然精细

D. 矢量图占用存储空间的大小取决于图像的复杂性

5. 以下是常用的网络视频格式的是_____。

A. MOV   B. RM   C. MPG   D. PNG

6. 以下的采样频率中, 为目前音频卡所支持的是_____。

A. 20kHz　　　　　B. 22.05kHz　　　　　C. 100kHz　　　　　D. 50kHz

7. 下列采集的波形中，声音质量最好的是_____。

A. 单声道、8 位量化、22.05kHz 采样频率

B. 双声道、8 位量化、44.1kHz 采样频率

C. 单声道、16 位量化、22.05kHz 采样频率

D. 双声道、16 位量化、44.1kHz 采样频率

8. 适合制作三维动画的工具软件是_____。

A. Authorware　　　B. Photoshop　　　C. AutoCAD　　　D. 3DS MAX

9. 在多媒体计算机中常用的图像输入设备是_____。

（1）数码照相机；（2）彩色扫描仪；（3）视频信号数字化仪；（4）彩色摄像机。

A. 仅（1）　　　　B. （1）（2）　　　　C. （1）（2）（3）　　D. 全部

10. 关于电子出版物，下列说法中，不正确的是_____。

A. 电子出版物存储容量大，一张光盘可以存储几百本长篇小说

B. 电子出版物媒体种类多，可以集成文本、图形、图像、动画、视频和音频等多媒体信息

C. 电子出版物不能长期保存

D. 电子出版物检索信息迅速

11. 在数据压缩方法中，有损压缩具有_____的特点。

A. 压缩比大，不可逆　　　　　　　　B. 压缩比小，不可逆

C. 压缩比大，可逆　　　　　　　　　D. 压缩比小，可逆

12. 下列哪个文件格式既可以存储静态图像，又可以存储动态图像_____。

A. jpg　　　　　　B. mid　　　　　　C. gif　　　　　　D. bmp

13. WORM 光盘是指_____光盘。

A. 只读　　　　　　　　　　　　　　B. 一次写，多次读

C. 可重写几千次　　　　　　　　　　D. 可重写十万次以上

14. 下列关于 dpi 的叙述中，_____是正确的。

（1）每英寸的 bit 数；（2）每英寸的像素点；（3）dpi 越高图像质量越低；（4）描述分辨率的单位。

A. （1）（3）　　　　B. （2）（4）　　　　C. （1）（4）　　　　D. 全部

15. CD – ROM 的特点是_____。

A. 仅能存储文字　　　　　　　　　　B. 仅能存储图像

C. 仅能存储声音　　　　　　　　　　D. 能存储文字、声音和图像

16. 一般说来，要求声音的质量越高，则_____。

A. 量化级数越低和采样频率越低

B. 量化级数越高和采样频率越高

C. 量化级数越低和采样频率越高

D. 量化级数越高和采样频率越低

17. 在数字音频回放时，需要用_____还原。

A. 数字编码器

B. 数字解码器

C. 模拟到数字的转化器（A/D 转化器）

D. 数字到模拟的转化器（D/A 转化器）

18. 2 分钟双声道、16 位采样位数、22.05KHZ 采样频率声音的不压缩的数据量是_____。

A. 5.05MB   B. 10.58MB   C. 10.35MB   D. 10.09MB

19. 将模拟声音信号转变为数字音频信号的声音数字化过程是_____。

A. 采样→编码→量化   B. 量化→编码→采样

C. 编码→采样→量化   D. 采样→量化→编码

20. 数字音频文件数据量最小的是_____文件格式。

A. mid   B. mp3   C. wav   D. wma

21. 计算机主机与显示器之间的接口是_____。

A. 网卡   B. 音频卡   C. 显示卡   D. 视频压缩卡

22. 下列数字视频中，质量最好的是_____。

A. 160×120 分辨率、24 位颜色、15 帧/秒的帧率

B. 352×240 分辨率、30 位颜色、30 帧/秒的帧率

C. 352×240 分辨率、30 位颜色、25 帧/秒的帧率

D. 640×480 分辨率、16 位颜色、15 帧/秒的帧率

23. 一幅 320×240 的真彩色图像，未压缩的图像数据量是_____。

A. 225KB   B. 230.4KB   C. 900KB   D. 921.6KB

24. 灰度模式是采用_____位表示一个像素。

A. 1   B. 8   C. 16   D. 24

25. Adobe Premiere 应属于_____。

A. 音频处理软件   B. 图像处理软件

C. 动画制作软件   D. 视频编辑软件

26. _____色彩模式适用于彩色打印机和彩色印刷这类吸光物体。

A. CMYK   B. HSB   C. RGB   D. YUV

27. Photoshop 的通道种类有_____。

A. 颜色通道、Alpha 通道、专色通道

B. 颜色通道、Alpha 通道、路径通道

C. 颜色通道、路径通道、专色通道

D. 专色通道、Alpha 通道、路径通道

28. 没有被压缩的图像文件格式是_____。

A. bmp   B. gif   C. jpg   D. png

29. 采样频率为 44.1kHz, 量化位数为 16 位, 一分钟单声道的声音数据量_____。

A. 5.05MB   B. 5.29MB   C. 10.10MB   D. 2.29MB

30. 在 RGB 色彩模式中, R = B = G = 0 的颜色是_____。

A. 白色   B. 黑色   C. 红色   D. 蓝色

二、判断题

1. 位图可以用画图程序获得, 不能从显示屏上直接抓取。(　)

2. 流媒体必须先将整个影音文件下载并存储在本地计算机上才可以观看。(　)

3. 图像分辨率就是屏幕分辨率。(　)

4. 多媒体计算机的软件包括多媒体操作系统、多媒体制作工具等。(　)

5. Flash 是一个制作动画的软件。(　)

6. MPEG 标准包括 MPEG 视频、MPEG 系统和 MPEG 音频三个部分。(　)

7. 声卡的问世, 将计算机带进了有声世界, 只有安装了声卡的计算机, 才具有播放声音的能力。(　)

8. 在相同的条件下, 位图所占的空间比矢量图小。(　)

9. 视频捕捉卡是当前多媒体计算机不可缺少的部件, 又称为视频采集卡。(　)

10. 矢量图形是由一组指令组成的。(　)

三、填空题

1. 模拟声音信号需要通过_____和_____两个过程才能转化为数字音频信号。

2. 在计算机中, 根据图像记录方式的不同, 图像文件可分为_____和_____两大类。

3. 多媒体中的媒体元素包括_____、_____、_____、_____、_____。

4. _____是记录每个像素所使用的二进制位数。

5. 流媒体数据流具有_____、_____、_____三个特点。

6. 音强的单位是_____。

7. 音乐必备的三要素是_____、_____和_____。

8. 分辨率是影响图像质量的重要参数, 可以分为_____、_____和_____三种。

9. CMYK 模式是针对印刷而设计的模式。C 代表_____、M 代表_____、Y 代表_____、K 代表_____, 是构成印刷上的各种油墨的原色。

10. 图形是指从点、线、面到三维空间的黑白或彩色几何图, 也称_____。图像则是由一组排成行列的点 (像素) 组成的, 通常称为_____或_____。

第10章 信息安全

实验一 杀毒软件的使用

一、实验目的及实验任务

（一）实验目的

掌握360杀毒软件的安装方法；掌握用360软件查杀病毒的方法；掌握杀毒软件的升级方法。

（二）实验任务

1. 安装360杀毒软件。

2. 使用杀毒软件查杀病毒。

3. 完成杀毒软件的升级操作。

二、实验操作过程

1. 双击"实验素材\第10章\实验一\360sd_5.0.0.7121A"文件（或者直接在"http：//www.360.cn/"360安全中心下载杀毒软件），按照提示进行操作。

2. 在"360杀毒正式版安装"对话框中选择安装路径，如图10–1所示，阅读《许可协议》后选择"我已阅读并同意"，按"立即安装"开始安装。

图10–1 安装路径选择

3. 启动杀毒软件。双击桌面上"360 杀毒"图标，启动程序，软件主界面如图 10 - 2 所示。

图 10 - 2   360 杀毒软件主界面

4. 功能选择。在主界面中，可以选择"全盘扫描""快速扫描""功能大全"模式。下面以"全盘扫描"模式为例，介绍杀毒过程。

5. 病毒查杀。单击图 10 - 2 中"全盘扫描"按钮，开始病毒查杀，发现病毒时程序会提示用户发现威胁，如图 10 - 3 所示。扫描过程中，随时可以按"暂停"或"停止"按钮来暂停或终止当前操作。在窗口下方有"扫描完成后自动处理并关机"选项，可以选中。

6. 软件升级与设置。在 360 杀毒软件主程序窗口的下方正中有"检查更新"选项。选择"检查更新"按钮，进入产品升级界面，可对杀毒软件进行升级操作，如图 10 - 4 所示。主程序窗口右上角分别有"反馈""设置"等选项，点击"反馈"选项将链接到"360 社区问题反馈区"。

点击"设置"选项，打开"设置"对话框，如图 10 - 5 所示，可以进行"常规设置""升级设置""多引擎设置""病毒扫描设置"等选项的设置。可以依据个人需要完成软件配置，如是否自动启动程序、定时查毒等。

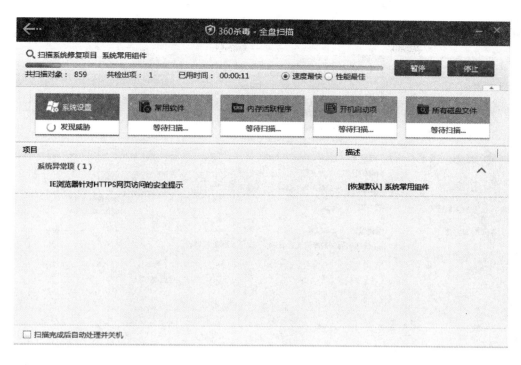

图 10 – 3　病毒查杀界面

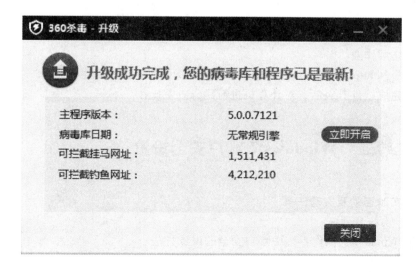

图 10 – 4　产品升级界面

图 10 - 5 软件"设置"界面

三、拓展作业

从瑞星网 http：//www. rising. com. cn/上免费下载"瑞星杀毒软件"，并安装到计算机上，完成软件升级后，对计算机进行病毒查杀操作。

实验二 Windows 7 账户安全设置

一、实验目的及实验任务

（一）实验目的

掌握 Windows 7 操作系统中账户安全的设置方法。

（二）实验任务

1. 设置计算机上的账户安全策略。

2. 设置管理员账户密码。

二、实验操作过程

1. 设置密码策略。打开"控制面板",单击"系统和安全",单击"管理工具"对话框,在对话框中双击"本地安全策略"。展开左侧"帐户策略"下的"密码策略"项目,如图 10 – 6 所示。

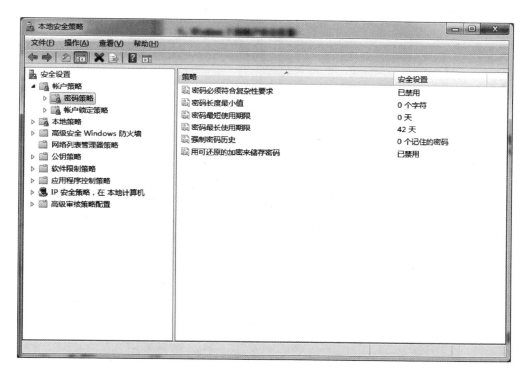

图 10 – 6 密码策略设置

2. 设置密码复杂性。双击图 10 – 6 中右侧"密码必须符合复杂性要求",启用复杂性要求,如图 10 – 7 所示。

3. 设置密码最小长度策略。双击图 10 – 6 中右侧"密码长度最小值",如图 10 – 8 所示,将密码长度设置为 12 个字符后点击"确定"退出属性窗口。

4. 设置账户密码。在"控制面板"对话框中单击"用户帐户和家庭安全",单击"用户帐户",打开"更改密码"对话框,输入旧密码和新密码,如图 10 – 9 所示。

注意:输入的新密码需要符合之前已经设置过的密码策略:①密码复杂性要求密码必须有字母、数字和非字母字符(如!、MYM、#、%)三种构成;②密码长度要求不少于 12 个字符。

图 10-7　密码复杂性设置

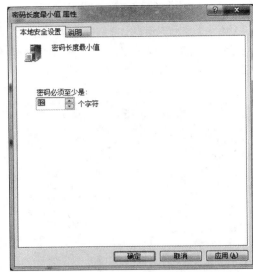

图 10-8　密码最小长度设置

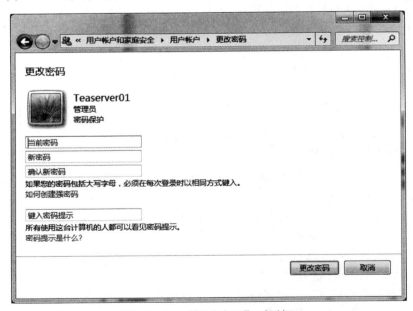

图 10-9　"更改密码"对话框

5. 禁用 Guest 用户。如果系统没有特殊要求，可以设置禁用 Guest 用户。在"控制面板"对话框中单击"用户帐户和家庭安全"，单击"用户帐户"，单击"管理其他帐户"项，在如图 10-10 所示窗口中单击"Guest"，在弹出的对话框中单击"关闭来宾帐户"，如图 10-11 所示。

图 10 - 10 "管理帐户"窗口

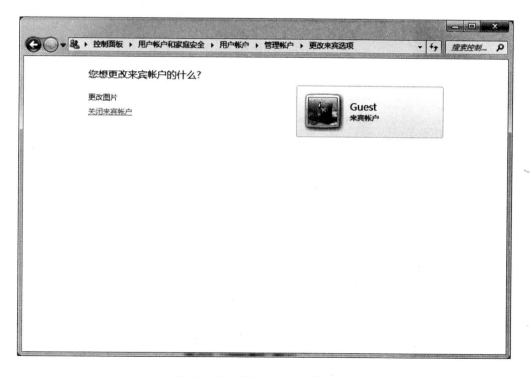

图 10 - 11 "更改来宾选项"窗口

实验三 Windows 7 的防火墙设置

一、实验目的及实验任务

（一）实验目的

学习 Windows 防火墙的知识；掌握启用或关闭 Windows 防火墙的方法。

（二）实验任务

启用 Windows 防火墙。

二、实验操作过程

打开 Windows 防火墙。选择"开始"菜单→"控制面板"，打开"系统和安全"，单击"Windows 防火墙"窗口，如图 10－12 所示。单击"打开或关闭 Windows 防火墙"，可以启用 Windows 防火墙，如图 10－13 所示。

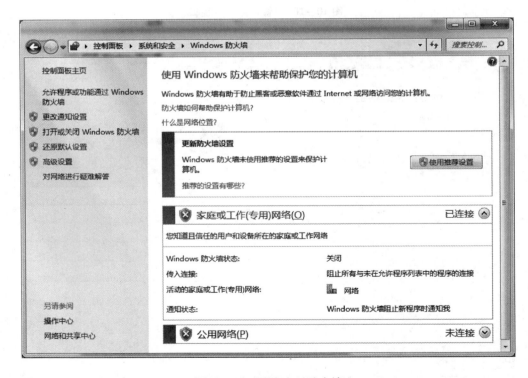

图 10－12 Windows 防火墙

图 10 – 13 启用或关闭 Windows 防火墙

实验四 为常用 Office 文档设置密码

一、实验目的及实验任务

（一）实验目的

掌握为 Word、Excel、PowerPoint 文件设置密码的方法。

（二）实验任务

为 Word、Excel、PowerPoint 文件设置密码。

二、实验操作过程

1. 新建一个 Word 文档，或打开一个已有的 Word 文档。

2. 点击"文件"菜单中"另存为"命令，打开"另存为"对话框，单击"工具"按钮并选择"常规选项"，如图 10 – 14 所示。

3. 在如图 10 – 15 所示的对话框中，可以分别设置 Word 文件的打开权限和修改权限。在"打开文件时的密码"和"修改文件时的密码"输入框中键入密码后，单击"确定"按钮，会出现如图 10 – 16 所示的"确认密码"对话框，分别将打开权限密码、修改权限密码再次输入。

4. 密码设置完成后，需要对文件进行"保存"操作，将密码信息一并保存在文件中。

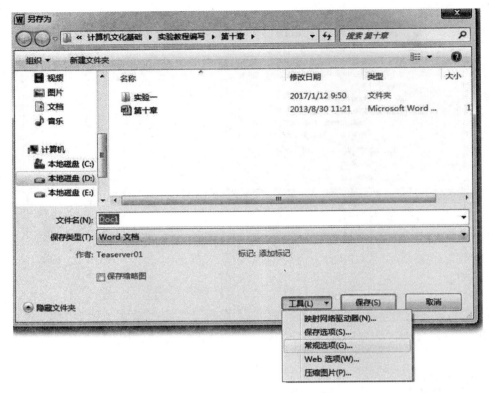

图 10 – 14 "另存为"对话框的"工具"

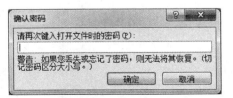

图 10 – 15 "常规选项"对话框   图 10 – 16 确认密码

5. 再次打开文件时，需要首先正确输入打开文件权限的密码，如图 10 – 17 所示；然后弹出修改文件的密码对话框，如图 10 – 18 所示。

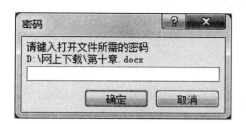

图 10 –17 "密码"对话框

图 10 –18 修改文件权限密码对话框

6. 若不能正确输入打开文件的密码，则出现错误提示，如图 10 – 19 所示，无法打开文件。

图 10 –19 密码错误提示

7. Excel、PowerPoint 文件的密码设置方法，与 Word 文件的操作方法基本相同。图 10 – 20 和图 10 – 21 所示的分别是 Excel 和 PowerPoint 的"常规"选项卡。

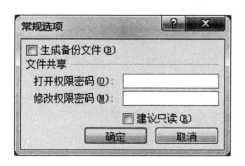

图 10 –20 Excel "常规"选项卡

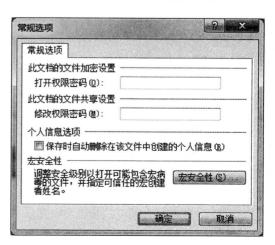

图 10 –21 PowerPoint "常规"选项卡

 **实验五** 使用 **Windows** 组策略增强系统的安全性

一、实验目的与实验任务

（一）实验目的

掌握组策略编辑器的使用方法，使用组策略更改系统中的某些设置，建成一个安全的 Windows 运行环境。

（二）实验任务

1. 禁止运行指定程序。

2. 禁止数据写入 U 盘。

3. 完全禁止使用 U 盘。

4. 禁止安装移动设备。

5. 禁止移动设备执行权限。

二、实验操作过程

（一）打开本地组策略编辑器

单击"开始"→"所有程序"→"附件"→"运行"，或使用快捷键 Win + R，
弹出"运行"对话框，输入
"gpedit. msc"，如图 10 – 22 所
示，单击"确定"按钮，即可
打开"本地组策略编辑器"窗
口，如图 10 – 23 所示。

（二）禁止运行指定程序

1. 在"本地组策略编辑器"
窗口的左侧窗格中，依次单击
"用户配置""管理模块""系
统"，然后在右侧窗格中选中
"不要运行指定的 Windows 应用
程序"，如图 10 – 24 所示。

图 10 – 22 "运行"对话框

2. 双击"不要运行指定的 Windows 应用程序"，打开"不要运行指定的 Windows 应用程序"窗口，选择"已启用"，如图 10 – 25 所示。

3. 单击如图 10 – 25 所示中左侧的"显示"按钮，将打开"显示内容"窗口，输入要禁止运行的应用程序名，如"powerpnt. exe"，单击"确定"，如图 10 – 26 所示。

若要运行禁止的程序，系统会出现图 10 – 27 所示的提示信息。

（三）禁止数据写入 U 盘

允许读取 U 盘内容而禁止向 U 盘中写入数据。

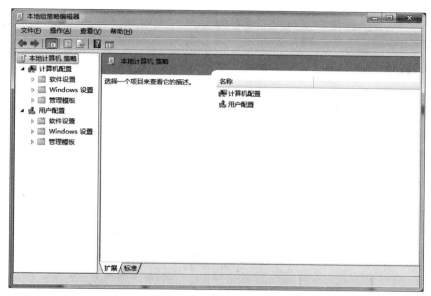

图 10 – 23 "本地组策略编辑器"窗口

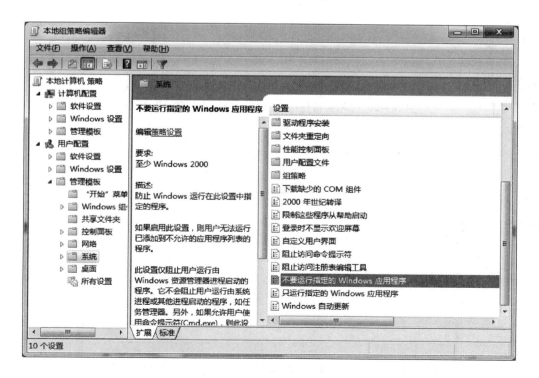

图 10 – 24 选项设置项

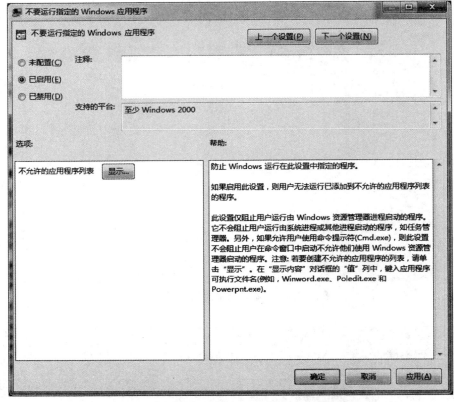

图 10 – 25　"不要运行指定的 Windows 应用程序"窗口

图 10 – 26　"显示内容"窗口

图 10 - 27 "显示内容"窗口

1. 在"本地组策略编辑器"窗口的左侧窗格中，依次单击"计算机配置""管理模板""系统""可移动存储访问"，然后在右侧窗格中选择"可移动磁盘：拒绝写入权限"策略项，如图 10 - 28 所示。

图 10 - 28 "可移动磁盘：拒绝写入权限"策略项

2. 双击"可移动磁盘：拒绝写入权限"策略项，选择"已启用"，单击"确定"，如图 10 - 29 所示。

说明：若要禁止读取 U 盘而允许向 U 盘写入数据，可使用同样的方法启动"可移动磁盘：拒绝读取权限"来实现。

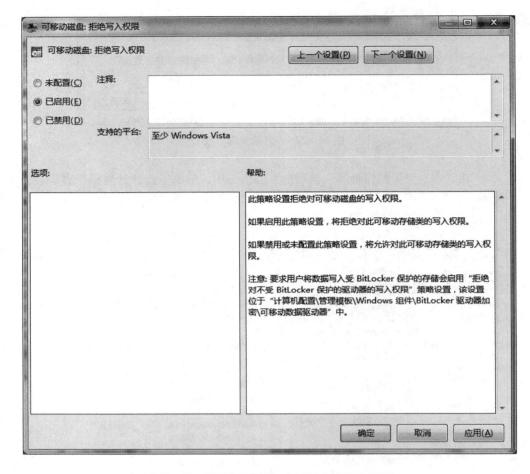

图 10 – 29 "可移动磁盘：拒绝写入权限"窗口

（四）完全禁止使用 U 盘

1. 在"本地组策略编辑器"窗口的左侧窗格中，依次单击"计算机配置""管理模板""系统""可移动存储访问"，然后在右侧窗格中选择"所有可移动存储类：拒绝所有权限"策略项，如图 10 – 30 所示。

2. 双击"所有可移动存储类：拒绝所有权限"策略项，选择"已启用"，单击"确定"。

（五）禁止安装移动设备

1. 在"本地组策略编辑器"窗口的左侧窗格中，依次单击"计算机配置""管理模板""系统""设备安装""设备安装限制"，然后在右侧窗格中选择"禁止安装可移动设备"策略项，如图 10 – 31 所示。

图 10 - 30 "可移动磁盘：拒绝写入权限"策略项

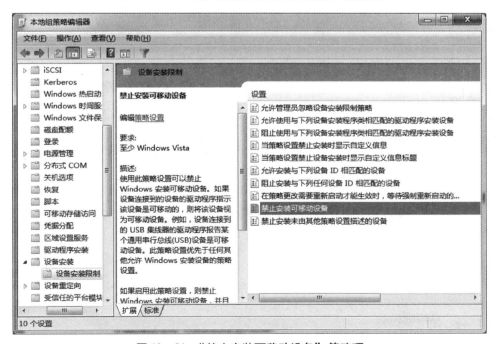

图 10 - 31 "禁止安装可移动设备"策略项

2. 双击"禁止安装可移动设备"策略项，选择"已启用"，单击"确定"。

（六）禁止移动设备执行权限

设置禁止移动设备执行权限后，移动设备上的可执行文件将不能被执行，计算机也不会被病毒感染，要想执行，将文件复制到硬盘中即可。

1. 在"本地组策略编辑器"窗口的左侧窗格中，依次单击"计算机配置""管理模板""系统""可移动存储访问"，然后在右侧窗格中选择"可移动磁盘：拒绝执行权限"策略项，如图 10 – 32 所示。

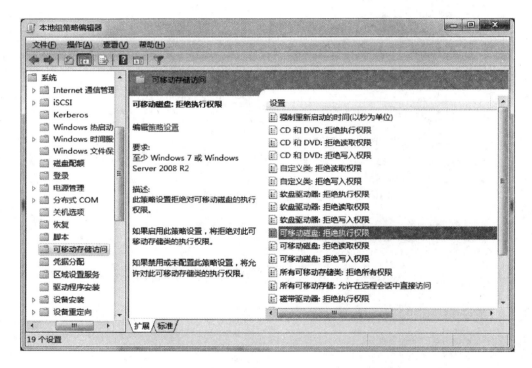

图 10 – 32　"可移动磁盘：拒绝执行权限"策略项

2. 双击"可移动磁盘：拒绝执行权限"策略项，选择"已启用"，单击"确定"。

 综合练习

一、单项选择题

1. 信息安全包括四大要素：技术、制度、流程和人，其中，_____只是基础保障，不等于全部。

    A. 技术   B. 流程   C. 人   D. 制度

    2. 下列选项中，_____不是计算机犯罪的特点。

    A. 犯罪智能化   B. 犯罪目的单一化

    C. 犯罪手段隐蔽   D. 跨国性

    3. _____是用于企业内部网和因特网之间实施安全策略的一个系统或一组系统。

    A. 入侵检测   B. 杀毒软件   C. 网络加密机   D. 防火墙

    4. 关于防火墙，下列所有说法中，不正确的是_____。

    A. 能控制合法用户对特殊站点的访问权限

    B. 可以节省网络管理费用

    C. 不防止计算机病毒在网络内传播

    D. 可以有效地避免非法用户使用网络资源

    5. _____不是计算机病毒的特点。

    A. 传染性   B. 潜伏性   C. 偶然性   D. 破坏性

    6. 防止 U 盘感染病毒的有效方法是_____。

    A. 对 U 盘进行写保护

    B. 对 U 盘进行分区

    C. 保持 U 盘的清洁

    D. 不要与有病毒的 U 盘放在一起

    7. 计算机病毒是一种_____。

    A. 计算机命令   B. 人体病毒   C. 计算机程序   D. 外部命令

    8. 下列选项中，_____不是电子商务采用的主要安全技术。

    A. 加密技术   B. 数字签名   C. SET   D. DNS

    9. 关于密码算法中，_____是迄今为止世界上最为广泛使用和流行的一种分组密码算法。

    A. IDEA 算法   B. DES 算法   C. RSA 算法   D. LOKI 算法

    10. 关于密码技术，传统密码体制所用的加密密钥和解密密钥相同，或从一个可以推出另一个，被称为_____。

    A. 双钥密码体制   B. 数字签名体制

    C. 非对称密码体制   D. 单钥密码体制

    11. 防止计算机中信息被窃取的手段不包括_____。

    A. 用户识别   B. 权限控制   C. 数据加密   D. 病毒控制

    12. 下列选项中，_____不是网络信息安全所面临的自然威胁。

    A. 自然灾害   B. 恶劣的场地环境

    C. 电磁辐射和电磁干扰   D. 偶然事故

13. 按照计算机病毒存在的媒体进行分类，病毒可以划分为引导型、_____、混合型和网络病毒等四类。

    A. 恶性   B. 木马型   C. 文件型   D. 潜伏型

14. 关于计算机病毒的影响，下列说法中，错误的是_____。

    A. 可能降低计算机系统的运行速度

    B. 不能破坏硬盘等存储设备

    C. 可能泄露存储在计算机中的重要信息

    D. 可能会使计算机系统死机

15. 网络防火墙的特点是_____。

    A. 可以同时防止内部入侵和外部入侵

    B. 不能防止外部入侵，可以防止内部入侵

    C. 能够防止外部的全部入侵

    D. 能防止外部入侵，不能防止内部入侵

16. 关于防火墙的实现手段，以下说法中，正确的是_____。

    A. 只能用硬件实现

    B. 软件、硬件都可以实现

    C. 软件、硬件不可以结合实现

    D. 只能用软件实现

17. WLAN 技术使用了以下介质中的_____。

    A. 无线电波   B. 双绞线   C. 光纤   D. 卫星通信

18. WLAN 主要应用于以下网络环境中的_____。

    A. 局域网   B. 城域网   C. 广域网   D. Internet

19. 下列关于计算机软件的叙述中，错误的是_____。

    A. 软件是一种商品

    B. 软件借来复制不损害他人利益

    C. 《计算机软件保护条例》对软件著作权进行保护

    D. 未经软件著作权人的同意复制其软件是一种侵权行为

20. _____是指程序设计者为了对软件进行测试或维护而故意设置的计算机软件系统入口点。

    A. 数据欺骗   B. 活动天窗   C. 清理垃圾   D. 逻辑炸弹

21. 加密算法和解密算法是在一组仅有合法用户知道的秘密信息的控制下进行的，该密码信息称为_____。

    A. 密钥   B. 密码   C. 公钥   D. 私钥

22. 下列选项中，按照防火墙保护网络使用方法的不同，可将防火墙进行分类，其中不包括_____。

    A. 网络层防火墙   B. 应用层防火墙

C. 链路层防火墙   D. 物理层防火墙

23. 密码学中，发送方要发送的消息称作_____。

A. 原文   B. 密文   C. 明文   D. 数据

24. 文件型病毒通常感染_____类型的文件。

A. EXE   B. DOC   C. TXT   D. SYS

25. 目前常见的信息安全技术不包括_____。

A. 虚拟专用网技术   B. 防火墙技术

C. 高速宽带网络技术   D. 密码技术

26. 以下_____是网络信息安全面临的自然威胁。

A. 人为攻击   B. 安全缺陷   C. 电磁干扰   D. 软件漏洞

27. 防火墙技术可以阻挡外部网络对内部网络的入侵行为。防火墙有很多优点，下列不属于防火墙的优点的是_____。

A. 能防范病毒   B. 能强化安全策略

C. 能有效记录 Internet 上的活动   D. 限制暴露用户点

28. 无线网络存在的核心安全问题归结起来有以下三点：_____、非法接入点连接问题和数据安全问题。

A. 病毒问题   B. 非法用户接入问题

C. 软件漏洞问题   D. 无线信号强弱问题

29. 世界上第一部直接涉及计算机安全问题的法规是_____。

A. 欧共体的《软件版权法》   B. 丹麦的《数据保护法》

C. 美国的《计算机安全条例》   D. 瑞典的《数据法》

30. 国际标准化组织已明确将信息安全定义为"信息的完整性、可用性、保密性和_____"。

A. 实用性   B. 可靠性   C. 多样性   D. 灵活性

二、判断

1. 网络设备自然老化的威胁属于人为威胁。（　　）

2. 数据欺骗是指非法篡改计算机输入、处理和输出过程中的数据或输入假数据，从而实现犯罪目的的手段。（　　）

3. 计算机蠕虫是一个程序或程序系列，它采取截取口令并试图在系统中做非法动作的方式直接攻击计算机。（　　）

4. 不管病毒有没有触发，都会对系统产生影响。（　　）

5. "熊猫烧香"病毒实质上是一种木马病毒的变种。（　　）

6. 引导区型病毒是寄生病毒。（　　）

7. 黑客指的是热心于计算机技术的高水平电脑专家，对社会危害不大。（　　）

8. 木马、黑客病毒往往是成对出现的，木马病毒负责侵入用户的电脑，黑客病毒则会通过该木马病毒来进行控制。（　　）

9. 如果网络入侵者是在防火墙内部，则防火墙是无能为力的。（　　）

10. 非法接收者试图从密文分析出明文的过程称为解密。（　　）

三、填空

1. _____是隐藏在可执行程序或数据文件中，在计算机内部运行的一种干扰程序。

2. 目前常用的信息安全技术主要有_____、_____、虚拟专用网（VPN）技术、_____以及其他安全保密技术。

3. _____是指行为人以计算机作为工具或以计算机资产作为攻击对象，实施的严重危害社会的行为。

4. 为了保证 Windows 7 的安全性，应采取多种应用策略，包括_____、_____、_____和_____等。

5. 在无线局域网内，为保证数据不被非法读取，在接入点和无线设备之间的传输过程中不被修改，可以使用_____技术。

6. 建立安全的_____是电子商务的中心环节。

7. 从技术上对病毒的预防有_____和_____两种方法。

8. _____问题是电子政务的首要问题。

9. 木马病毒的传播方式主要有两种：一种是通过_____，另一种是通过_____。

10. 宏病毒一般是指用 Basic 书写的病毒程序寄存在_____文档上的宏代码。

附录一　考试大纲

基本要求

1. 具有信息技术和计算机文化的基础知识，了解计算机系统的组成和各组成部分的功能。

2. 了解操作系统的基本知识，掌握 Windows 7 的基本操作和应用，熟练掌握一种汉字输入方法。

3. 了解文字处理的基本知识，掌握 Word 2010 的基本操作和应用。

4. 了解电子表格软件的基本知识，掌握 Excel 2010 的基本操作和应用。

5. 了解演示文稿的基本知识，掌握 PowerPoint 2010 的基本操作和应用。

6. 了解数据库的基本知识。

7. 了解计算机网络的基本概念，了解 Internet 的初步知识，掌握因特网（Internet）的简单运用。了解 HTML 的基本知识，会使用 DreamWeaver 制作网页。

8. 了解多媒体的基础知识，掌握常用多媒体软件的使用。

9. 了解网络信息安全的基本知识。

考试内容

一、计算机基础知识

数据和信息，信息社会，信息技术，"计算机文化"的内涵等基本知识；计算机的概念、起源、发展、特点、类型、应用及其发展趋势。

有关进制的相关概念，二、八、十、十六进制之间的相互转换；数、字符（西文、汉字）在计算机中的表示；数据的存储单位（位、字节、字）。

计算机硬件系统的组成和功能：CPU、存储器（ROM、RAM）以及常用的输入输出设备的功能；计算机软件系统的组成：系统软件和应用软件；程序设计语言（机器语言、汇编语言、高级语言）的概念；微型计算机硬件配置及常见硬件设备。

二、Windows 7 操作系统

操作系统的概念、功能、特征及分类，Windows 7 基本知识及基本操作，桌面及桌面操作，窗口的组成，对话框和控件的使用，剪贴板的基本操作。

文件及文件夹管理：文件和文件夹的概念、命名规则，掌握"计算机"和"资

源管理器"的操作，文件和文件夹的创建、移动、复制、删除及恢复（回收站操作）、重命名、查找和属性设置、快捷方式的创建、文件的压缩等，库操作。

Windows 7 中控制面板操作：设置时钟、语言和区域，声音设置，打印机设置，设备管理器的使用，程序的添加和卸载，管理用户和用户组。

Windows 7 的系统维护与性能优化：磁盘的格式化、磁盘的清理、磁盘的碎片整理，磁盘的检查和备份，文件的备份和还原，使用 Windows 组策略增强系统安全防护。

Windows 7 中实用程序的使用：记事本和写字板、画图、截图工具、录音机、计算器、数学输入面板等。

三、字处理软件 Word 2010

Office 2010 的基本知识：Office 2010 版本及常用组件，典型字处理软件，Office 2010 应用程序的启动与退出，Office 2010 应用程序界面结构，Backstage 视图，Office 2010 界面的个性定制，Office 2010 应用程序文档的保存、打开，Office 2010 应用程序帮助的使用。

Word 2010 的主要功能，文档视图，文本及符号的录入和编辑操作，文本的查找与替换，撤消（销）与恢复，文档校对。

字符格式、段落格式的基本操作，项目符号和编号的使用，分节、分页和分栏，设置页眉、页脚和页码，边框和底纹，样式的定义和使用，版面设置。

Word 2010 表格操作：表格的创建、表格编辑、表格的格式化，表格中数据的输入与编辑，文字与表格的转换；表格计算。

图文混排：屏幕截图，插入和编辑剪贴画、图片、艺术字、形状、数学公式、文本框等，实现图文混排。插入 Smartart 图形。

文档的保护与打印、邮件合并插入目录审阅与修订文档。

四、电子表格系统 Excel 2010

Excel 2010 的窗口组成，工作簿和工作表的基本概念，单元格和单元格区域的概念，工作簿的新建、打开、保存、关闭。

工作表的插入、删除、复制、移动、重命名和隐藏等基本操作，行、列的插入与删除，行、列的锁定和隐藏。单元格区域的选择，各种类型数据的输入、编辑及数据填充功能的使用。

绝对引用、相对引用和三维地址引用，工作表中公式的输入与常用函数的使用，批注的使用。

常用函数：Mod、Sum、Average、Sumif、Averageif、If、Count、CountIF、Max、Min、Left、Right、Mid、Row、Column、Now、Year、Month、Day、And、Or、Vlookup、Rank 等。

工作表格式化及数据格式化，调整单元格的行高和列宽，自动套用格式和条件格式的使用。

数据清单的概念，记录的排序、筛选、分类汇总、合并计算，数据透视表，获取外部数据，模拟分析。

图表的创建和编辑，迷你图，页面设置及分页符使用，表格打印。

五、演示文稿软件 PowerPoint 2010

演示文稿的创建、打开、保存及演示文稿的视图。

幻灯片及幻灯片页面内容的编辑操作，创建 SmartArt 图形。

幻灯片页面外观的修饰；幻灯片上内容的动画效果；超级链接和动作设置；幻灯片切换，排练计时。

播放和打印演示文稿；演示文稿的打包；将演示文稿转换为直接放映格式；广播幻灯片；演示文稿的网上发布。

六、数据库管理系统 Access 2010

有关数据库的基本概念，数据管理技术的发展，数据库系统的组成，数据模型关系数据库的基本概念及关系运算。

数据库管理系统的概念及常见数据库管理系统，Access 2010 数据库对象，数据库的基本操作，表的概念和基本操作。

七、计算机网络基础与 Internet

计算机网络的概念，计算机网络的发展趋势，计算机网络的组成，计算机网络的分类，计算机网络的功能，计算机网络新技术。

Internet 的起源及发展；接入 Internet 的常用方式；Internet 的 IP 地址及域名系统，WWW 的基本概念和工作原理，使用 IE 浏览器；电子邮件服务；Internet 的其他服务：文件传输 FTP、远程登录 Telnet、即时通信、网络音乐、搜索引擎的使用、流媒体应用、网络视频及文档下载的方法。

八、网页制作

网站与网页的概念，Web 服务器与浏览器，网页内容，动态网页和静态网页，常用网页制作工具，网页设计的相关计算机语言，HTML 语言的基本概念，常用 HTML 标记的意义和语法。

使用 Dreamweaver 创建与管理站点，使用 Dreamweaver 编辑网页，文字编辑及格式化，图像的插入与编辑，媒体对象的插入，创建超链接，使用 Dreamweaver 进行网页布局，创建表单页面，网页的发布。

九、多媒体技术基础

多媒体技术的概念，多媒体技术的特点，多媒体技术中的媒体元素，多媒体计算机系统的组成；多媒体技术：音频处理技术、图像处理技术和视频处理技术；虚拟现实和流媒体，多媒体技术的应用领域；多媒体软件 PhotoShop 和 Premiere 的简单应用。

十、网络信息安全

网络信息安全的基本知识，网络礼仪与道德；计算机犯罪、计算机病毒、黑客；

常用的信息安全技术，防火墙的概念、防火墙的类型、防火墙的体系结构；Windows 7操作系统安全，无线局域网安全，电子商务和电子政务安全；信息安全政策与法规。

考试方式

1. 考试形式：机试。

2. 考试时间：100分钟。

3. 总分：100分。

4. 考试内容：在指定时间内，使用微机完成下列各项操作：

（1）客观题。

单项选择题，30题，30分。

（2）主观题。

操作题：70分。

其中包括：Windows操作10分，Word操作15分，Excel操作15分，PowerPoint操作10分，网页制作8分，多媒体软件Photoshop、Premiere操作6分，Internet与其他操作6分。

附录二 考试样题

一、单项选择题（每题1分，共30分）

1. 下列关于信息的说法中，正确的_____。

A. 只有以书本的形式才能长期保存信息

B. 数字信号比模拟信号易受干扰而导致失真

C. 计算机以数字化的方式对各种信息进行处理

D. 信息的数字技术已逐步被模拟化技术所取代

2. 在 Excel 2010 中，若按快捷键 Ctrl +；（分号），则在当前单元格中插入_____。

A. ：（冒号）   B. 今天的北京时间

C. 系统当前时间   D. 系统当前日期

3. 在计算机的应用领域，计算机辅助教学指的是_____。

A. CAD   B. CAM   C. CAI   D. CAT

4. 计算机网络按网络的使用性质的不同，计算机网络可划分为_____。

A. 有线网和无线网

B. 总线型网、环形网和星型网

C. 局域网、城域网和广域网

D. 公用网和专用网

5. 下列关于非对称密钥加密的说法中，正确的是_____。

A. 加密密钥和解密密钥相同的

B. 加密方和解密方使用不同的算法

C. 加密密钥和解密密钥是不同的

D. 加密密钥和解密密钥没有任何关系

6. 将桌面图标排列类型设置为自动排列后，下列说法中，正确的是_____。

A. 桌面上的图标无法移动位置

B. 桌面上的图标将按文件大小排序

C. 桌面上的图标按文件名排序

D. 桌面上的图标将无法拖动到任意位置

7. 在以下网络安全技术中，不能用于防止发送或接收信息的用户出现"抵赖"的是_____。

A. 防火墙   B. 数字签名   C. 第三方确认   D. 身份认证

8. Internet 采用的通信协议是_____。

A. FTP   B. WWW   C. TCP/IP   D. PX. IPPX

9. 浏览 Web 网页，应使用_____。

A. Office2010　　　B. Outlook　　　　　C. 浏览器　　　　D. 系统

10. B 类 IP 地址子网掩码为_____。

A. 255. 255. 0. 0　　　　　　　　　B. 255. 255. 255. 0

C. 255. 0. 0. 0　　　　　　　　　　D. 255. 255. 255. 255

11. 下列汉字输入码中，_____属于音码。

A. 五笔字型码　　　　　　　　　B. 自然码

C. 智能 ABC 码　　　　　　　　　D. 大众码

12. OSI 参考模型是由_____提出与制定的。

A. CCITT　　　　　B. ISO　　　　　C. IETF　　　　　D. ATMForum

13. 从逻辑功能上看，可以把计算机网络分成_____。

A. 网络节点和通信子网

B. 网络节点和数据链路

C. 资源子网和数据链路

D. 通信子网和资源子网

14. 下列属于关系基本运算的是_____。

A. 连接和查找　　　　　　　　　B. 选择、投影

C. 并、差、交　　　　　　　　　D. 选择、排序

15. 超文本是一个_____结构。

A. 层次　　　　　　　　　　　　B. 非线性的网状

C. 线性　　　　　　　　　　　　D. 树形

16. 在 Word 编辑状态下，可以使插入点快速移动到文档首部的组合键是_____。

A. PageUp　　　　B. Alt + Home　　　C. Home　　　　D. Ctrl + Home

17. 第一台电子计算机名称为 ENIAC，它是_____的缩写。

A. 地名　　　　　　　　　　　　B. 人名

C. 国家与人名　　　　　　　　　D. 电子数字积分计算机

18. 网桥是一种工作在_____层的存储—转发设备。

A. 传输　　　　B. 应用　　　　　C. 网络　　　　　D. 数据链路

19. 如果某单元格显示为若干个 "#" 号（如#######），这表示_____。

A. 公式错误　　　B. 列宽不够　　　C. 行高不够　　　D. 数据错误

20. Word 以 "磅" 为单位的字体中，根据页面的大小，文字的磅值可以达到_____磅。

A. 1638　　　　　B. 1024　　　　　C. 500　　　　　D. 390

21. 计算机主板，也叫系统板或母版。主板上装有组成电脑的主要链路系统，是计算机硬件系统的核心。在下图所示的主板部件 6，可以连接的设备是_____。

A. 数码摄像机   B. 光驱（SATA）

C. U 盘（USB）   D. 硬盘（PATA）

22. 下列操作中，不能完成文件的移动的是_____。

A. 用"剪切"和"粘贴"命令

B. 在"资源管理器"右窗口选定要移动的文件，按下 Shift 键不放，然后用鼠标将选定的文件从右窗口拖动到左窗口目标文件夹上

C. 在"资源管理器"右窗口选定要移动的文件，按住鼠标左键拖动到左窗口不同逻辑盘上的目标文件夹上

D. 在"资源管理器"右窗口选定要移动的文件，按住鼠标右键拖动到左窗口相同目标盘上的目标文件夹，选择快捷菜单中的"移动到当前位置"

23. 信息不被偶然或蓄意地删除、修改、伪造、乱序、重放、插入等破坏的属性指的是_____。

A. 可靠性   B. 可用性   C. 完整性   D. 保密性

24. 从当前幻灯片开始播放演示文稿的快捷键是_____。

A. F5   B. Alt + Enter   C. Shift + F5   D. Enter

25. 计算机的硬件系统由五大部分组成，其中输出设备的功能是_____。

A. 将要计算的数据和处理这些数据的程序转换为计算机能够识别的二进制代码

B. 完成指令的翻译，并产生各种控制信号，执行相应的指令

C. 将计算机处理的数据、计算结果等内部二进制信息转换成人们习惯接受的信息形式

D. 完成算数运算和逻辑运算

26. 在计算机中，一个字节所包含二进制的位数是_____。

A. 16   B. 4   C. 8   D. 2

27. 下列有关软件和程序的说法中，正确的是_____。

A. 程序包括软件   B. 程序就是软件

C. 软件包括程序   D. 软件就是程序

28. 下面不符合网络道德规范的行为是_____。

A. 下载科技论文

B. 破译别人的邮箱密码

C. 不付费使用试用版的软件

D. 下载打印机驱动程序

29. Windows7 操作系统的密码不能超过_____个字符。

A. 36　　　　　　　　B. 127　　　　　　　　C. 14　　　　　　　　D. 24

30. 杀毒软件可以进行检查并杀毒的设备是_____。

A. 硬盘　　　　　　　　　　　　　　　B. U 盘和光盘

C. 软盘、硬盘和光盘　　　　　　　　　D. CPU

二、Windows 操作（共 10 分）

在考生目录下有如下的文件夹结构，请按照要求完成如下各题：

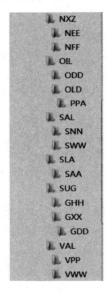

1. 将文件夹 NFF 下的文件 TEMP. BMP 改名为 NEW. TXT。

2. 删除文件夹 OLD 下的文件夹 PPA。

3. 将文件夹 SNN 下的文件 SSS. TXT 移动到文件夹 SSA 下。

4. 将文件夹 GXX 压缩为一个文件 GXX. ZIP，并放在文件夹 GHH 下。

5. 设置文件夹 VPP 下的 VIP 文件夹属性，去掉隐藏属性。

三、Word 操作题（共 15 分）

启动 Word 2010，打开考生文件夹下的"济南国际园博园 . docx"文件，按下列要求操作，并将结果以原文件保存。

1. 将文章标题"济南国际园博园"改为黑体、二号、加粗，并将其居中对齐。

除标题行外，首行缩进 2 字符，段前、段后间距均设置为 0.5 行，行距设为 1.25 倍。

2. 给文章添加页眉"济南国际园博园"，且页眉、页脚距边界分别设置为 1cm 和 2cm。并给"济南园博园于 2008 年 10 月 19 日开工建设，2009 年 9 月 22 日建成开放。"这句话设置下划线：下划线类型为粗线，下划线颜色为红色。

3. 在以"济南国际园博园占地面积 5176 亩"开始的段中插入"风景 . jpg"，并调整图片大小，图片的高度设置为 4cm，宽度设置为 5cm。环绕方式为四周型，并调整位置到段落右侧。

4. 将"门票价格表："下的数据转换为 2 列、4 行的表格，表格中单元格内容的水平和垂直方向都居中，表头文字设置为粗体。在表格末尾增加一新行，新行数据为"年龄 60 岁及以上免费"，并将第一列的宽度设置为 4cm，第 2 列的宽度设置为 3cm，表格居中。

5. 将该文档的上、下、左、右页边距设置为 2cm、2cm、3cm 和 3cm。

四、Excel 操作（共 15 分）

启动 Excel，打开考生文件夹下的"工资表 . xlsx"文件，对其中的数据按以下要求操作，并将结果以原文件名保存。

1. 设置标题，文字为黑体、20 磅、粗体，并在 A1：K1 区域中合并居中。

2. 计算出每个人的应发工资和实发工资，在 C18 单元格中，使用 Count If 函数计算出性别为男的人数；在 J18 单元格中，使用 Sum If 函数计算性别为女的应发工资总额；在 K18 单元格中计算出平均实发工资。

3. 设置 A2：K17 区域中行的行高设置为 18，并将该区域中的所有数据在单元格内垂直和水平方向上全居中，并将该区域表格的边框线设置为所有边框。

4. 用条件格式为"实发工资"列设置数据条：渐变填充，绿色数据条，并将 J18，K18 中的数据设置为"会计专用"格式，其中，货币符号为"￥"，并保留两位小数。

5. 以"姓名，实发工资"列中的数据为数据源，在数据表中的下方生成一个二维簇状柱形图，图表设计布局为"布局 5"，图表中标题为"实发工资比较图示"，纵向轴标题为：实发工资额，图表大小高度为 8 厘米，宽度为 13 厘米，图表格式设置为：彩色—橙色，强调颜色 6。

五、PowerPoint 操作（共 10 分）

启动 PowerPoint 2010，打开考生文件下的"故宫 . pptx"文件，按下列要求操作，将操作结果保存在原文件中。

1. 将演示文稿主题设置为"精装书"，第二张幻灯片的背景纹理设置为"鱼类化石"。

2. 为第一张幻灯片设置切换效果：碎片，粒子输出，打字机声音，自动换页时间为 2 秒，持续时间 3 秒。

3. 为第二张幻灯片上的"太和门"建立超链接，链接到第五张幻灯片，并在第五张幻灯片上插入自定义动作按钮，文本设为"返回"，幻灯片放映时，单击返回第二张幻灯片。

4. 为第三张幻灯片上的标题文字设置动画效果：回旋，在上一动画之后开始播放，持续时间3秒，单击鼠标开始动画。

六、网页制作（共8分）

利用考生文件中的素材，按以下要求制作或编辑网页，结果保存在原文件夹中。

1. 打开主页 index. htm，设置标题为"中秋诗词"；在第一行第二列插入动画3. swf；并设置该动画的宽度为300像素，高度为160像素。

2. 将第二行的"中秋赏月"超链接到 sy. htm；"千里相思"超链接到 xs. htm。

3. 将第三行第一列中插入图片 pic. jpg；设置图片宽度为230像素、高度为320像素，居中对齐；设置"南斋玩月"所在单元格中的文字水平及垂直居中对齐。

七、多媒体、网络及其他应用（每题6分，共12分）

1. 在 Photoshop 中，将当前图片存储格式设置为"JPEG"文件名"DSC_0269. jpg"，其他参数设置默认，并在"JPEG选项"对话框中将"品质"设为"12"后单击"确定"按钮。

2. 单击"开始"菜单中的"运行"，输入 gpedit. msc，单击"确定"按钮，即可打开本地组策略编辑器窗口。展开左侧列表中的本地计算机策略用户配置管理模板控制面板项，双击右侧的禁止访问控制面板设置项，在打开的"属性"对话框选中"已启用单选"按钮，然后单击"确定"按钮。单击桌面上的"开始"按钮，在打开的开始菜单中将看到控制面板已消失。

　　单项选择题答案：

　　1. C　2. D　3. C　4. D　5. C　6. D　7. A　8. C　9. C　10. A　11. C　12. B
13. D　14. B　15. B　16. D　17. D　18. D　19. B　20. A　21. B　22. C　23. C　24. C
25. C　26. C　27. C　28. B　29. B　30. A